海外游·建筑学人笔记

丛书主编　裴钊

成为巴西

巴西三城现代建筑

裴钊 著

To Be Brazil

Brazilian Modern Achitecture of 3 Cities

Pei Zhao

同济大学出版社
中国·上海

总序

建筑旅行的意义

在当代旅游产业将旅行演变成为一种流行商品被大众广泛消费之前，以及之外，旅行，作为一种学习方式和人的一种成长方式，从古至今，都在不断产生着各具特色、引人思考的案例。

对于此类作为学习与成长的旅行，我认为大致可划分为两个层面：一个是所谓的“理论与实践相结合”，即“读万卷书，行万里路”，强调通过人的身体在万里路上对人、事、景展开直接一手的体验，将万卷书中所蕴含的间接二手知识进行印证与修订；另一个是所谓的“实践出真知”，即采用类似“壮游”(Grand Tour)这一起源于文艺复兴、盛行于18世纪英国的旅行方式，青年人在导师或自我引导下，将旅行转化成为全方位、沉浸式的学习与成长体验，发展到今天，业已成为一部分年轻人的成人仪式——踏入职场前进行的“间隔年”(Gap Year)旅行。

由于建筑物理实体空间所独具的实地体验需求，“纸上得来终觉浅”这句话，可说是形象地揭示出实地旅行对建筑学学习与研究的充分必要性。现代建筑教育的前身，19世纪巴黎美术学院(Beaux-Arts)就设有罗马大奖(Prix de Rome)，赞助获奖学子在意大利亲历真迹，边游边学。法籍瑞裔建筑大师柯布西耶(Le Corbusier)在24岁探寻未来方向之时，用了5个多月的时间，游历波希米亚、塞尔维亚、罗马尼亚、保加利亚、土耳其和希腊，进行了一次他视野中的“东方之旅”，奠定了延续其一生的某些建筑观念。美国建筑大师路易斯·康(Louis I. Kahn)于49岁壮年之际，在意大利、希腊、埃及具有纪念性的古建筑“废墟”(Ruins)中，得到醍醐灌顶般的领悟，引发“中年变法”，重塑其已日臻成熟的建筑认知。美国理论家彼得·埃森曼(Peter Eisenman)攻读博士期间，在英国理论家、教育家柯林·罗(Colin Rowe)的带领下，遍览荷兰、德国、瑞士、意大利等国的著名历史建筑，找到了建构自我理论的关键参照点……

这些西方建筑师与理论家，沿着建筑文化的脉络一路行来，都曾在“理论与实践相结合”与“实践出真知”两个层面上，追根溯源，寻找新机。

然而，在国内建筑学界，追溯中国自身建筑文化脉络的旅行，长期以来大多困囿在“理论与实践相结合”的印证层面，“实践出真知”层面的建筑旅行，则主要仰赖于一个关键词——“海外”。之所以如此，是因为中国现代建筑学学科的起源、建制、发展，与西方有着密不可分的血脉关联。这也是近代以来，非西方国家向西方发达国家持续学习的一个基本姿态——想要创新，就要面向海外，就要追求国际化。1970 年代引领非西方国家率先西化的日本年轻人，就曾热衷于坐欧亚列车穿越西伯利亚，转道海参崴，再到巴黎，凭借身体向西方的移动，实现想象中的“国际化”。

“海外游·建筑学人笔记”这套丛书我还没有读完，但对这些作者，即在中国富强背景下，与前辈相比，能够更加放松、更加自由地穿梭于海内外学习、工作和生活的建筑青年们，多少还是有些了解的。我有理由相信，除了有与前辈相类似的“美术写生式”旅行，也一定还有更加丰富、深刻的旅行体验方式。应该会有作者，用到西方补课的视角，尽量完善、体系化地进行全方位的旅行；应该会有作者，从“自我”与“他者”对话的角度，结合国内业界特有的问题，有针对性、侧重性地去旅行；应该会有作者，结合自身成长，凭借“个体化”的视角，将城市、建筑作为人文环境进行浸润式的旅行；应该会有作者，试图突破历史终结语境下的中西二元视角，进入更加多元化的文化脉络中展开多维度的旅行。

所以，这套丛书一定会包含他者与主流、地域与国际化、仰视与平视、二元主体与多元主体、个体与群体等一系列丰富繁杂的议题交织。我同样有理由相信，在新时代，在新一代建筑学人的海外游中，面对上述纠缠着历史、现实、文化自信、文化贡献的众多议题，他们一定会更多平视，更加多维，更深反观，既不会自卑地以为“国外的月亮才是圆的”，也不会自大地偏执于“只有我们自己的才是最好的”。他们一定会有反思基础上的主体自觉，一定会有超越单向补课的创意新解，一定会有突破中西二元论的“多边并置”。然而，他们一定还来不及深究下面这个重要话题——面对网络时代里遭遇百年未遇疫情的当下，全球刚刚开始的开放流动重新在物理与虚拟两个层面陷入某种程度的“隔离”，我们该如何定义海外与海内？我们该铸造怎样的基于实体与虚拟交流的旅行、学习与成长？

文至结尾，想起一个颇可玩味的小故事。话说 1990 年代末，一位美国著名建筑史论家造访上海，接待单位为其安排参观苏州园林。陪同的学者原以为这位见多识广、博览群书的国际大家应该早已知晓园林，此行只是礼节性地走上一走。哪知，一进园子还没逛上两步，建筑史论家就急匆匆要出园，问其原因，答曰：因为过去几乎不知道园林，所以完全没有任何准备，现在急着要到园子外去买相机和胶卷，打算好好拍拍这个超出自己“固有视野”的“特殊空间类型”。

范文兵
上海交通大学设计学院建筑学系教授／博导
思作设计工作室主持建筑师

序言

8 年前，与巴西的第一次相遇，就被她惊艳到了：她的美丽与哀愁，奔放和闲适，热情和包容。此后经年，我更念念不忘那轻摇又慢摆的《伊帕内玛的姑娘》。多年后，我阅读巴西，品味巴西，译介巴西，只为更深刻地理解巴西，看透巴西。尽管又两度踏上这“上帝的国度”，但还是像一个初来者一样，“Brazil is not for beginners”，看不懂巴西。巴西之令人难解，不是因为她是远的，而源于她是复杂的——她的复杂恰在于她的包容、多元和吸纳。

此刻，我不由自主地想起一首充满戏谑味道的小诗《葡萄牙人的错误》：

葡萄牙人到来那天
大雨倾盆
他们让印第安人
穿上了衣服
真遗憾啊！
要是那天艳阳高照
印第安人可能让葡萄牙人
脱了衣服。

这首诗的作者正是大名鼎鼎的巴西现代主义诗人奥斯瓦尔德·德·安德拉德（Oswald de Andrade），他于 1928 年发表的《食人宣言》开篇就以“图皮，还是不图皮，这是一个问题”，宣告巴西文化的本质正是食人主义，亦即不断地消化和吸收外来文化，并将其转化为具有显著巴西特色的东西。

这种消化、吸收和笼络能力或许源自图皮族的古老传统。图皮族是最早和葡萄牙殖民者接触的印第安人部落。图皮人招募葡萄牙殖民者为婿，由此建立了葡萄牙殖民者和整个图皮社会的姻亲关系（Cunhadismo），产生了巴西最早的混血儿群体——马穆鲁克人（Mameluco）。

和种族巴西一样，文化巴西的最大特色也是自然融合和兼容并包。这既体现于足球，又反映于桑巴。一如桑巴有机地融合了音乐和舞蹈、非洲精神和巴西要素，巴西足球也是其独特历史的结晶。巴西文化人类学家吉尔贝托·弗雷雷（Gilberto Freyre）认为巴西的热带混血不仅是人种的混血，而且融合了欧洲的技术和美洲与非洲的通灵力量。源于欧洲的笨拙的足球在巴西人那里变成了脚和球的舞蹈艺术。和欧洲足球的日神（阿波罗）风格不同，巴西足球是酒神（狄俄尼索斯）风格，强调的不是理性和秩序，而是个性、自由和情绪的张扬。足球之于巴西人，其价值植根于足球释放的快乐和欢愉，崇尚小小足球中人之为主角的个性的舞蹈和闪耀。如果说欧洲球员是“球场的主人”，那么巴西球员则是“足球的主人”。

巴西的现代建筑艺术同样展现了这种灵动、自然和个性的张扬。享誉世界的巴西建筑大师奥斯卡·尼迈耶（Oscar Niemeyer）的设计理念充分体现了一种自然主义的感性文化：“吸引我的是我从我的国家的山岭的逶迤、河流的曲水流畅、海水的波浪和完美的女人身体上发现的自由而性感的曲线。”裴钊老师在本书中就发现，奥斯卡·尼迈耶的建筑理念可能受到“食人主义”的影响，才“将欧洲现代主义建筑理念和巴西自然与本土传统相结合，创造出了一种不同于欧美正统现代主义的建筑形式”。

本书的书名巧妙地融入了巴西文化的精神，即具有强大包容性、吸附性、创造性的“食人主义”，要“成为巴西”必须先“放手巴西”，让感性巴西自由地同外部世界发生自然的充分的化学反应，从而“再造巴西”，经此“轮回”方能真正“成为巴西”。

作者裴钊老师也是一个颇具“巴西精神”的人。他毕业于清华大学建筑系，却“误入”拉美一途，甘于探索和传播建筑文化，探究少人问津的拉美建筑艺术。不过，我对此却满怀感激：正是在人迹罕至处，我才得以幸遇同路人。我们有着共同的志趣，都希望通过一种“轻学术”的方式推动中拉知识的交互生产和传播，增进对彼此的深刻理解。为此，裴钊老师筹划拉美建筑特刊，举办拉美建筑系列讲座，亲自带团组织中国建筑师前往拉美多国考察和交流。吉尔贝托·弗雷雷曾将巴西称之为“热带中国”，不仅因为同样的地域辽阔，更重要的是同样具有汲取异域文化元素的强大吸收能力。由是观之，裴钊老师无疑也是“食人族”。

本书虽集中于里约热内卢、圣保罗和巴西利亚的现代建筑，但更是一本“三城记”，将建筑艺术的专业书写和巴西城市的历史和文化，以及影响建筑设计的思想体现有机地结合了起来。因此，它不仅是一部有关巴西现代主义建筑的专业读物，也是一部以建筑艺术为视角，讲述巴西城市历史和文化的大众读物。本书是裴钊老师考察、研究和传播拉美建筑的“牛刀小试”，非常荣幸受邀谈谈感受和心得，我虽非设计和建筑专业，但读此书依然可以感受到巴西建筑中所洋溢着的那种自由、迷人和随性自然的吸引人的力量。

郭存海

2021 年 4 月 12 日

于北京段祺瑞执政府旧址

目录

注：本书中示意图根据自然资源部监制南美洲地图［审图号：GS(2020)4394 号］绘制

前言

如果一个从未来过中国的外国人，期望通过一周或者半个月的参观能对中国有一个全面深入的了解，那么无论是时间，还是精力，都近乎是不可能的事情。巴西的国土面积与中国相近，因此，对巴西抱有同样的期望也是不现实的。在如此辽阔的国土之上，文化、艺术和建筑并非是一种均质的分布，也无法简单地用热情、桑巴等词语一以概之。巴西北部、西南部和南部的民俗风情和中部大不相同，有的区域与邻国更加相似。对于巴西建筑亦然。

从欧洲殖民者发现巴西后，“黄金之国”和“伊甸园”的传说就一直围绕着这个国度，对于殖民者而言，这里是财富和永生之所。20 世纪初，战争和混乱困扰使得欧洲知识分子对旧大陆彻底失望，而将巴西视为“未来之国”，是全人类的明日图景。年轻的巴西作为一个新兴的民族国家，充满热情地创造这个新世界的文化认同。巴西现代建筑正是在这个时间点走上了世界建筑舞台，几乎一夜之间，巴西建筑引起了全世界的瞩目，可以说，巴西是唯一通过现代建筑让人产生国家自豪感的国家。

而这一切究竟是如何发生的？本书将介绍巴西中部的三个主要城市——里约热内卢、圣保罗和巴西利亚，这里是孕育巴西现代建筑的核心，这三个城市合在一起，几乎构成了一部巴西现代建筑的历史。

里约热内卢（简称里约）在殖民时期就是巴西的行政、经济和文化中心，也是葡萄牙王室避难时的帝国首都，后来是巴西帝国和共和国的首都。这里不仅拥有丰富的人文历史，而且拥有全世界独一无二的自然景观。里约热内卢的城市和自然几乎相互融合在一起，在这里，可以充分享受自然风景和城市带来的一切。里约热内卢的建筑精致而轻巧，这里有一批杰出的建筑师被称为里约学派（卡里奥卡学派）。

今天的圣保罗是拉美人口密度第一大城市，也是最国际化的拉美城市、巴西的工业和经济中心。圣保罗一直觉得自己才是巴西真正的中心，但从来没有作过首都。仅仅一个多世纪前，这里还是一片小村庄，而且位于远离海洋的丘陵之上。高密度导致圣保罗城市中一直缺乏巴西这个国家最不缺乏的绿色，作为补偿，这个城市拥有最好的城市公共空间，而且是在建筑内部。这一切要归功于一批圣保罗建筑师，他们也被称为圣保罗学派（保利斯塔学派）。

巴西利亚是巴西现在的首都，位于巴西内陆荒凉的高原之上。巴西利亚的城市是现代主义的一种极致形态，一个20世纪现代主义的乌托邦，仅仅只有半个多世纪的历史，在这里的一切都是现代的。在一般的城市里，你可以停止思考，只是享受这个城市的生活，但在巴西利亚，你无法不思考，一方面是这个城市所给你的震撼，另一方面这里真的没有可以享受的生活，除了视觉和思想。

本书分为三章，对应以上三个城市。每章分为若干小节，每小节之间要么按照空间关系，要么按照时间顺序来排列，每小节之中会围绕一个主题或线索来组织文字内容，这些内容包括一些必要的城市和历史背景介绍，建筑师的生平，以及建筑造型和布局，还有外界评价等相关内容。这样组织内容的好处在于，每小节都是一个相对完整的故事，便于记忆。如果将背景资料全部集中在一章，建筑单列其后，诸多的国外人名和建筑名称会成为一种阅读负担。

此外，关于书中内容还需要提示一些问题：

首先，需要说明的是，这本书不是一本全覆盖的建筑地图和索引。从书名可以看出，这里主要介绍的是巴西三城的现代建筑，对于历史建筑（殖民建筑和古典建筑）、20世纪80年代的后现代建筑以及当代建筑，只是附带提及。即使对于巴西现代建筑，这里提供的也不是一个完整的名单和索引，巴西三城优秀的现代建筑远不止本书所提及的，本书只是列举了其中最重要的案例。

其次，本书提到了一些私人住宅和贫民窟，在参观时需要特别注意：对于私人住宅，除了一些改造为博物馆的建筑外，大多并不对外开放参观，如果没有特别预约，就只能看一下外观。这时候，请尊重主人的隐私。对于贫民窟，如果没有专业和可靠的本地人带领，请务必不要冒险前往！

建筑师简介

卢西奥・科斯塔
(Lúcio Costa，1902—1998)

巴西城市规划师、建筑理论家和建筑师，是巴西现代主义建筑的主要推动者，也是巴西现代建筑教育的奠基人。1902 年，出生在法国图卢兹，1917 年随父母回到巴西，1924年毕业于里约国家美术学院①建筑系，1930 年担任国家美术学院院长，着手改革大学现有建筑教育体系，但一年后被迫辞职，后任里约国家历史和艺术遗产研究院院长，直至退休。科斯塔是连接巴西传统形式和现代主义建筑的一个重要人物，不仅在于探索巴西早期现代建筑道路和建立巴西现代建筑理论体系，还为巴西培养了一大批国际级的建筑大师。

奥斯卡・尼迈耶
(Oscar Niemeyer，1907—2012)

巴西建筑师，1988 年普利兹克奖得主。1934 年毕业于里约国家美术学院。1936 年以实习生身份加入巴西教育与公共卫生部大楼项目工作组，在此受柯布西耶决定性的影响。1940 年完成欧鲁普雷图大酒店，1945 年，38 岁的尼迈耶加入巴西共产党，1947 年加入纽约的联合国总部设计工作，1956 年，被巴西总统任命为巴西利亚的建筑负责人，承担了巴西利亚的建筑设计，20 世纪 60 年代中期开始流亡生涯，直到 80 年代初才回到巴西。尼迈耶是拉美现代建筑领袖人物，执业时间跨度极大，但在不同阶段的作品都体现出了惊人的想象力。

---

① 里约国家美术学院于 1965 年并入里约联邦大学。

阿方索·爱德华多·里迪
(Affonso Eduardo Reidy，1909—1964)

巴西建筑师，巴西现代主义运动的先锋建筑师之一。他的父亲是英国人，母亲是巴西人，1926 年进入里约国家美术学院学习建筑。1930 年毕业后留校任助教，同年加入巴西教育与公共卫生部大楼项目工作组；项目完成后，他进入里约政府的城市公共部门工作，坚持在公共建筑领域探索经济和效率问题。1953 年，设计里约现代艺术博物馆，这栋建筑是巴西现代建筑历史的一个转折点。 在巴西现代主义建筑史中，里迪具有非常独特的地位，他被认为是里约学派和圣保罗学派之间重要的连接人物。

罗伯托·布雷·马克思
(Roberto Burle Marx，1909—1994)

巴西现代主义景观设计师、画家、生态学家、博物学家、艺术家和音乐家，是 20 世纪最重要的景观设计师之一，巴西现代主义建筑大师背后的英雄，奠定了巴西现代主义景观设计基石， 其作品和工作方法对 20 世纪景观学产生了很大的影响。在设计生涯中，他探索和培育巴西本地植物用于景观设计，有超过 50 种植物以他的名字来命名，并巧妙地将传统艺术转化到现代景观设计中。此外，他还涉及了面料、珠宝和舞台设计等其他众多学科。他是一个富有创新精神的和高产的设计师，其创作的丰富程度与广度同时代无人可及。

若昂·巴蒂斯塔·比拉诺瓦·阿蒂加斯

（João Batista Vilanova Artigas，1915—1985）

巴西建筑师、建筑理论家和建筑教育家，巴西圣保罗学派的奠基人。1937年，阿蒂加斯毕业于圣保罗大学理工学院，1941年至1947年，他担任圣保罗大学的美学、建筑和规划教授，并于1946年获得古根海姆研究奖项。1969年，军政府上台后，阿蒂加斯因左翼思想失去了教职，直到20世纪80年代才恢复教职。其代表作是巴西圣保罗大学建筑系馆，这座建筑也是圣保罗学派的标志性建筑之一。

丽娜·博·巴尔迪

（Lina Bo Bardi，1914—1992）

意大利裔的巴西女建筑师，圣保罗学派的代表建筑师，一生都在探求建筑和设计中的社会文化潜力。1946年，丽娜和她艺术品批评家兼经纪人的丈夫定居巴西。丽娜的建筑充满了惊喜和震撼，她坚持探索将巴西流行文化元素融入现代主义建筑语言和形式中，并提倡一种鼓励合作和参与社会融合的建筑方式。她建筑中所呈现的思考深度和广度都远远超越了同时代的建筑师，今日国际建筑界对她的评价是“20世纪最被低估的建筑师”。

保罗·门德斯·达·洛查

（Paulo Mendes da Rocha，1928— 2021）

巴西建筑师，普利兹克奖得主，巴西圣保罗学派的代表建筑师。1954 年，洛查毕业于巴西麦肯锡教会大学建筑学院，2000 年，获得密斯奖，2006 年获得普利兹克奖，2016 年获得威尼斯双年展终身成就金狮奖。他将建筑设计中混凝土的工程学和美学完美融合，创造出了既有诗意，又具有强烈公共特性的建筑。

里约热内卢 R

R1
耶稣山救世基督像

瓜纳巴拉海湾的山海景色

里约热内卢简称里约，是一座梦幻之都，拥有世界上最美丽的马赛克沿海大道、激情洋溢的狂欢节、海滩和比基尼美女、高耸入云的耶稣山，无论外地游客还是本地居民，都喜欢这个城市。但其最吸引人之处，也是最具魅力之处在于其山海交融的自然风光与人文景观巧妙和谐地融为一体。一个多世纪以前，乘船进入里约的人们对这一点有着深刻的理解：在甲板上，最早看到从海平面的雾气中冒出层层叠叠的群山，然后从两个高耸的石头山之间驶入瓜纳巴拉海湾（Guanabara Bay），经过美丽的海滩和群山，最终停靠在一个半岛的码头，里约的老城就坐落在半岛之上。在大部分情况下，仅仅这个入城仪式就可以征服来访者的心。

而现在大部分来里约的游客都乘坐飞机，这样就很难有机会体验这种海上入城式。那么最好的弥补方法是到达里约后，首先参观耶稣山（科科瓦多山，Mount Corcovado，高 704 米）上的基督像。基督像之于里约热内卢，与埃菲尔铁塔之于巴黎一样，站在这个城市的最高点，可以俯瞰整个城市和周边的自然景观，对里约热内卢的山川形势、植被、城市格局有一个概括的了解，同时感受这座融于自然之中的城市的迷人之处。

如果从里约市区去耶稣山，路上会经过山脚下一个尺度宜人，而且安静整洁的社区。里约的平地较少，这种山脚下的平地一方面干燥通风，一方面视野开阔，往往是富人和中产的居住社区。而地势向山上升高的地块上，房屋的质量逐渐下降，远处山坡上密密麻麻的贫民窟，虽然占据里约热内卢最好的风景，却缺乏基本的基础设施。

爬上耶稣山顶后，可以看到双臂展开的基督像，也称为里约热内卢救世基督像（Cristo Redentor）。这是一座装饰艺术风格的大型耶稣基督雕像，高 30 米，总重 1145 吨，其张开的双臂横向总长 28 米，安置在 8 米高的基座上，基座同时也是一座能够容纳 150 人的天主教堂。雕像于 1922 年奠基，1926 年开工，1931 年竣工，同年 10 月 12 日举行了雕像落成典礼，成为里约热内卢最著名的标志。

在耶稣山腰看到的贫民窟

19 世纪 50 年代中期，佩德罗·玛丽亚·博斯神父请求在科科瓦多山顶建造一个基督像以荣耀当时巴西帝国的伊莎贝尔摄政女王，但这个请求没有得到批准。巴西是传统的天主教国家，但自从巴西共和国建立后，政教分离使得天主教在民众中逐渐式微。因此，1921 年，里约热内卢的罗马天主教主教提议在科科瓦多山的制高点上建造一个基督像，使得在里约热内卢的任何一点，人们都可以看到基督，唤醒人民的宗教信仰。时任巴西总统埃皮塔西奥·达席尔瓦·佩索阿在市民的请愿下批准了项目，大主教组织了“纪念像周”（Semana do Monumento）的活动募捐。1922 年初，巴西当地的建筑师海托·达·席尔瓦·科斯卡赢得了设计大赛，并担任项目的主要工程师。雕像的最初造型是基督一手握十字架，一手持地球，但是最终大主教选择了救世基督展开双臂的造型。将基督本身建造成十字架的样子，据说这是建筑师的合作者巴西艺术家卡洛斯·奥斯瓦尔德的想法。建筑师科斯卡于 1924 年遍访欧洲寻求出色的雕塑家，最后选择了法国雕塑家保罗·兰多斯基。最终，兰多斯基在法国完成雕塑的各部分，然后海运到巴西组装。

从基督像正面方向望去，整个城市的地理特征一览无余。正前方矗立在从大西洋进入瓜纳巴拉海湾的入口，形似面包一样的山被称为“糖面包山”（Sugarloaf Mountain）。

糖面包山高 395 米，早期印第安人称之为“Paund Acuqua”，原意为高大挺拔的独立山峰，发音近似葡萄牙语中的糖面包（pao de acucar），而且山的外形也类似一种法式塔形糖，所以以此命名。这座山可以通过缆车登临，是俯瞰里约城市和海湾的良好地点。

海湾两侧山脉凸进海面，将海港几乎环抱成为一个内湖，以糖面包山所在的山脉为界，左面的海滨是弗拉门古公园（Flamengo Park），右面的海滨是著名的科帕卡巴纳海滩（Copacabana），沿着海滩分布着各种高档酒店和公寓；再往西边走是新兴的滨海度假区伊帕内玛（Ipanema），遍布度假酒店、公寓，以及商业设施。一个半岛突出在瓜纳巴拉海湾中，岛上高层林立，这就是里约热内卢今天的中心区所在。

救世基督像

糖面包山

R2
里约热内卢中心区

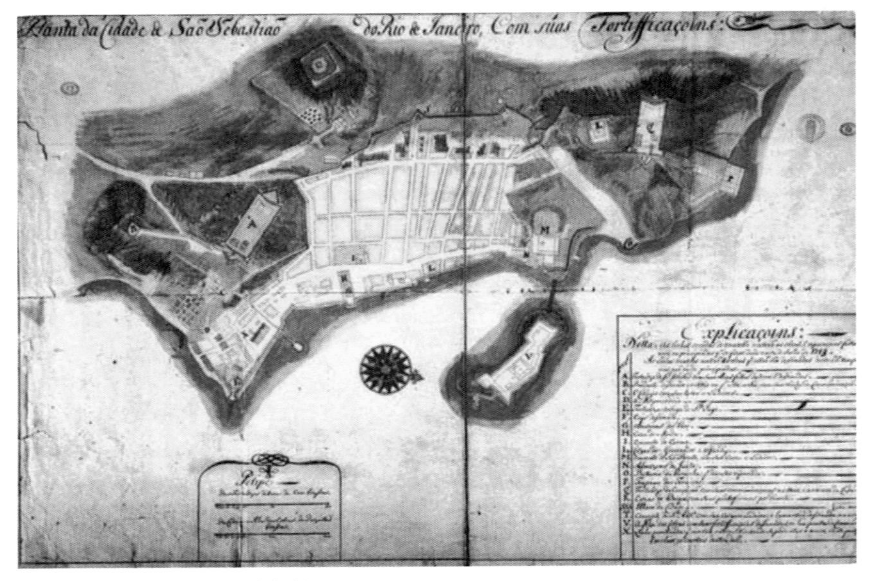

里约热内卢城市规划图，1713 年绘制

走进里约热内卢中心区，游客会发现这里只有很少的历史建筑残留于高楼大厦之间，这并不是一个具有浓郁历史气息的地区。其原因在于里约热内卢中心区经历了若干次大的城市更新，今天的面貌是一种历史叠加效果。

第一位进入里约热内卢港的欧洲人是葡萄牙航海家贡萨洛·柯埃略，他于 1502 年 1 月发现了这个港口，认为这是一条河的入海口，因此命名此地为一月之河（Rio de Janeiro），这也是里约热内卢名字的由来。尽管里约热内卢港由葡萄牙人发现，但这里的第一个殖民定居点是一批法国的胡格诺教徒建立，其后的两个世纪里，葡萄牙和法国不断争夺里约热内卢的控制权。今天里约热内卢中心区所在地最早是城堡山和圣本托山之间的一片低地，类似一个小峡谷，海水从海湾中倒灌进来，两岸布满了红树林，周边是台地和小型咸水湖。葡萄牙人的定居点没有强制性地采用几何网格规划，而是有机地跟随地形变化，最初的城镇从城堡山向外扩展。

16 世纪末，城市以城堡山为中心向周围平地扩展。虽然这种扩张伴随着填海移山，但城市的新区只能顺应着自然地形发展，这也形成了里约热内卢这个城市特有的自然和城市融合的景观。1763 年，里约热内卢成为巴西的首都。尽管这一时期的里约热内卢已经是巴西重要的大城市，但由于葡萄牙殖民者对于巴西的忽视，以及城市缺乏资金，里约热内卢缺乏恢宏的公共建筑和宗教建筑，直到 1808 年，葡萄牙王室因拿破仑入侵而迁都里约热内卢后，这个城市才成为巴西的政治、文化和经济中心，开始修建一些与首都相匹配的大型公共建筑。这是里约热内卢中心区经历的第一次比较重要的城市改造。

1821 年，葡萄牙国王若昂六世返回葡萄牙，其子佩德罗一世成为巴西的摄政王，后来在巴西本地贵族的支持下，成为独立后巴西帝国的第一位君主，巴西进入了帝国时期（1822—1889）。18 世纪晚期，巴西就受到欧洲古典主义的影响,但是这种影响到 19 世纪初才真正在巴西形成一个完整的艺术体系。1816 年，法国艺术代表团访问里约热内卢后，创建了国家美术学院（Escola Nacional de Belas Artes，ENBA）的前身，于 1826 年开始授课。从美术学院走出了大量接受严格系统训练的本地建筑师，自由灵活的巴洛克建筑特征逐步从重要的大型建筑中消失，替代以严格和克制的新古典主义建筑语言。这一时期里约热内卢中心区经历了第二次比较重要的城市改造。

1889 年，巴西帝国改制为巴西共和国，废除奴隶制度后，整个国家开始了工业化进程，直到 20 世纪的第一个十年，工业化进程影响了建造技术和建筑行业的发展，建筑发生了巨大的转变，迅速转向折中主义风格。1871 年，里约热内卢曾着手研究里约城市的全面发展，考虑如何消除殖民时期城市遗留下来的问题，以便呈现出与这座新帝都相匹配的现代化面貌，但这项规划并未实施。直到 30 年后，弗朗西斯·佩雷拉·帕索斯成为里约市长，大规模的城市改造计划才得以实施，19 世纪末 20 世纪初的里约发生了迅速而巨大的城市变革。帕索斯毕业于里约军事工程学院和法国国立路桥学校。在大学期间，他和同学深受法国哲学家孔德的实证主义思想影响，他的许多同学都参与了 1889 年的共和国运动，并将实证主义口号“秩序与进步”（Ordem e Progresso）印在巴西国旗之上。在巴黎留学期间，他体验到了豪斯曼男爵所主持的巴黎城市改造，感受了新拓宽的法式林荫大道以及两边的新型城市综合建筑为城市带来了现代化的气息和秩序。这是里约热内卢中心区经历的第三次比较重要的城市改造。

20 世纪 30 年代，随着巴西现代主义建筑黄金时代的到来，巴西现代主义建筑风格成为巴西作为一个新国家和民族的文化认同，大量的现代主义建筑在市中心得以建造。60 年代，里约热内卢高速的城市化和工业化发展进一步推进了市中心的更新改造。这是里约热内卢中心区经历的第四次比较重要的城市改造。

除此之外，其他各个时期政府对中心区还有或多或少的增补改善。但随着里约热内卢城市的郊区化和向外扩展，中心区在 60 年代开始衰退和空心化，大量原先居住在中心区的中产阶级外迁，并使得商业降级；近年来，政府希望以旅游重新复兴中心区，但收效缓慢。时至今日，对于游客而言，城市中心区依然是较危险之地。

这里最重要的街道是横穿现有中心区，连接半岛两边海滨的中央大道（1912 年更名为里奥布朗库大街，Avenida Rio Branco），于 1905 年落成，1820 米长，33 米宽。这是里约热内卢第一条电灯照明的大街，这一区域也是巴西帝国时期最重要的政治和经济中心。无论城市如何变化，里奥布朗库大街都是这个城市的中心，也被称为“城市的心脏”。今天，漫步在这条碎石铺装的街道上，依然可以看到借鉴巴黎改造中极为华丽的法国第二帝国风格的公共建筑分列两边。

这条街道上的最重要节点是西尼兰地亚广场，现在被称为弗洛里亚诺·佩绍托广场（Praça Floriano Peixoto），为纪念巴西共和国的第二位总统弗洛里亚诺·佩绍托，广场中心矗立着他的纪念碑，建于 1910 年。旁边市立剧院前的另一座铜像是巴西 19 世纪最重要的作曲家卡洛斯·格姆斯。

广场周边的建筑大都建于 20 世纪早期，也就是市长帕索斯大规模改造里约热内卢时期，这些公共建筑环绕广场：里约热内卢大剧院（Municipal Theater of Rio de Janeiro, 1904—1909），国家图书馆（Fundação Biblioteca Nacional, 1905—1910），里约热内卢市政厅（Palácio Pedro Ernesto, 1920—1923）与高等法院（Tribunal Superior, 1901—1909），附近还有国家美术博物馆（帝国美术学院，1906—1908）。里约热内卢大剧院几乎完全照搬巴黎大剧院的造型，只是规模上略小，斜对面是庄严的古典风格的国家图书馆。

里约热内卢大剧院

国家图书馆

里约热内卢市政厅

与中央大道垂直的另外一条重要街道是巴罗所海军上将大街(Av. Alm. Barroso)，在街道西段矗立里约热内卢圣塞巴斯蒂安大教堂（Metropolitan Cathedral of Saint Sebastian，1964—1979）。这座教堂是为了纪念里约热内卢的守护者圣塞巴斯蒂安而建造的。教堂由尼迈耶的学生埃德加·丰塞卡设计，也被称为天梯教堂。建筑采用钢筋混凝土建造，借鉴了印第安金字塔造型，外形是一个高 75 米，底部直径 106 米的圆锥体，总建筑面积约 8000 平方米，可同时容纳 2 万人举行仪式。建筑外壳被四道通长的彩色玫瑰窗均分，其他部分由预制混凝土方隔窗构成，每个隔窗中间放置斜向下方的遮阳板，便于教堂内部空气流通，同时可以遮蔽强烈的阳光。教堂顶部是一个希腊十字天窗，阳光透过十字架照射进来，十字架的四端连接着四条彩色玫瑰窗，分别绘制四个宗教主题，在阳光的照射下色彩斑斓，为教堂室内增添了神圣和神秘的氛围。中心圣坛上方，悬挂着硕大的木刻耶稣受难雕像，前方是巨大而开阔的礼拜区。建筑的地下室布置有宗教艺术博物馆，收藏有宗教雕塑、壁画、艺术品等。

里约热内卢圣塞巴斯蒂安大教堂

圣塞巴斯蒂安大教堂室内

教堂的对面是由钢结构和大玻璃幕墙建造的巴西石油公司大厦，这是市中心较新的建筑。沿巴罗所海军上将大街向海滨走，可以看到很多早期的现代主义高层办公楼和公寓建筑。这些建筑体量巨大，多数是 20 世纪 60 年代城市快速增长时期的商业项目，虽然可以看到一些大胆的尝试，但目前大多因缺乏维护而显得陈旧。

附近有一个著名的哥特复兴建筑，皇家葡文图书馆（Real Gabinete Português de Leitura，1880—1887），建筑设计受曼努埃尔式风格（Manueline）或葡萄牙晚期哥特风格的影响。曼努埃尔式是葡萄牙在 15 世纪晚期到 16 世纪中期极力开拓海权，在艺术和建筑上出现的独特建筑风格，取名自当时执政的曼努埃尔一世。在曼努埃尔式的建筑中，可以看到扭转造型的圆柱、国王纹章和雕饰精细又繁复的窗框，雕刻有贝壳、锚等海洋形式，以及亚、非、欧和南美各地区的建筑形式，所以曼努埃尔风格也被称为“海洋风格”。

巴西石油公司大厦

皇家葡文图书馆

皇家葡文图书馆室内

在安东尼奥·卡洛斯总统大街（Av. Pres. Antonio Carlos）和海滨之间有一片区域，这里是里约热内卢殖民时期的老城和码头区，保留着里约早期历史建筑，大部分为当时的宗教和行政机构以及一些豪华的官邸，现在大都改造为博物馆。走在这个安静的街区，依然可以感受到巴西帝国昔日的繁华。

在中心区南部有两栋巴西最重要的早期现代主义建筑：巴西出版协会总部大楼（Associação Brasileira de Imprensa，ABI，1935—1938）和巴西教育与公共卫生部大楼（Ministério da Educação e Saúde Pública，MESP，1936—1944）。这里我们先主要介绍前者，后者将在下一节单独介绍。

巴西出版协会总部大楼由罗伯特兄弟（马塞洛·罗伯特和米尔顿·罗伯特）设计，是巴西第一栋建成的大型现代主义建筑，虽然在旁边几年后建成的巴西教育与公共卫生部大楼更为知名。建筑外形质朴，立面采用固定垂直遮阳板，外表用花岗岩和石灰岩饰板覆盖，遮阳板除了遮阳外，为建筑正立面增添了强烈的雕塑感。底部架空柱廊，高敞的入口类似公共广场；下部四层为出租空间，上部四层是巴西出版协会使用，最顶部是两层高的会议厅，可以容纳 500 人；屋顶花园由罗伯托·布雷·马克思设计。

罗伯特兄弟建筑事务所由三兄弟所创建，除了上面提到的马塞洛和米尔顿，还有一位是毛利西奥。在此之后，他们完成了紧邻里约热内卢市中心和海滨的桑托斯·杜芒特机场航站楼（Aeroporto Santos Dumont，1938—1945）。

这两栋建筑是巴西早期的现代建筑的代表作，建筑语言采用现代主义语言，但建筑空间和很多细节依然可以看出装饰艺术运动的影响，在建筑比例和构图上则依然带有古典主义建筑的意味。巴西出版协会总部大楼不远处还有一栋 30 层高楼也是罗伯特兄弟所设计的，但时间较晚，建筑语言更为成熟和精炼。

巴西出版协会总部大楼

桑托斯·杜芒特航站楼

巴西文学协会大楼

巴西文学协会大楼山墙面

巴西文学协会大楼(Palácio Austregésilo de Athayde，1972—1978)，是一栋粗野主义风格建筑，暴露混凝土板构成了建筑的立面，地面层通过大跨度钢筋混凝土架空，室外广场一直延伸入建筑内部；高层板楼南面是大玻璃墙面，北面采用罗伯特兄弟最典型的混凝土遮阳板语言，建筑山墙面上的混凝土斜窗极具韵律感和雕塑感。这样的空间组织和建筑语言与旁边的巴西教育与公共卫生部大楼非常相似，但是两栋建筑在材料、形式、色彩和美学却完全不同。此外，值得强调的是，这个建筑地面层开敞的公共空间以及楼梯和台阶的细部处理十分精彩，吸引了大量人群在这里活动。

R3
教育与公共卫生部大楼

巴西教育与公共卫生部大楼立面细节

假如只能选择一栋现代建筑来介绍拉美，或者巴西，那么这栋建筑一定是巴西教育与公共卫生部大楼，鉴于这栋建筑的重要性和历史意义，这里单独成一节来介绍。

1931 年，巴西的传奇总统热图利奥 · 瓦加斯（1882—1954）创建了巴西教育和公共卫生部，希望其能够配合中央政府为巴西现代化作出贡献。这里令人奇怪的是，教育和公共卫生这两个完全没有关联的职能为什么要合并在一个政府部门内。军人出身的瓦加斯倡导国家主义，希望将巴西建立成一个“新国家”，国家由国民组成，强健的国民将塑造强大的国家，按照这个逻辑，首要的任务是塑造新的国民，而个体国民的强健体现在两个方面：身体和头脑。公共卫生负责国民的健康，教育是塑造国民的思想。因此出现了这样一个奇怪的部门组合。1934 年，古斯塔沃 · 卡帕内玛被委任为部长，他与很多具有现代主义前卫思想的知识分子关系密切。1935 年，举行了总部大楼的方案竞赛，结果是一个新殖民风格的建筑方案被选中，但他希望看到一个象征崭新的巴西国家形象的建筑，而不是一个与殖民宗主国有联系的方案，他坚持一个现代教育体系应该使用与其相匹配的现代建筑来展现。在宣布原有的竞赛结果无效后，这个项目被委托给了卢西奥·科斯塔。

科斯塔是巴西现代主义建筑的主要推动者，也是巴西现代建筑教育的奠基人。科斯塔 1902 年出生在法国图卢兹，1917 年随父母回到巴西，1924 年毕业于国家美术学院建筑系，1930 年担任国家美术学院院长，着手改革建筑学古典教育体系，一年后被迫辞职，进入里约国家历史和艺术遗产研究院，后任院长。在理论方面，科斯塔将巴西现代主义建筑与巴西巴洛克建筑传统对接，奠定了巴西现代主义建筑的理论基础；在实践上，他完成了数个巴西里程碑式建筑项目，并培养出一大批优秀的巴西年轻建筑师。

为了面对预料之中的批评，科斯塔组织了一个由巴西最好的现代主义设计师组成的团队；同时，为了确保项目成功，科斯塔还说服了巴西政府邀请柯布西耶参与设计，由于巴西不允许国外建筑师作为项目负责人，因此柯布西耶只能作为顾问出现，然而事实上，他被期望在项目中扮演领导角色。在里约停留的五周，柯布西耶不仅负责教育与公共卫生部大楼的设计，而且参与了一个大学新校园的设计，但他似乎更喜欢后一项目。其中的一个很重要的原因是，他不喜欢教育与公共卫生部大楼现有的基地。柯布西耶试图说服巴西政府将基地改到海边靠近机场的地方，也就是后来阿方索·爱德华多·里迪设计的里约现代艺术博物馆（Museu de Arte Moderna do Rio de Janeiro，MAM，1953—1958）的基地，并坚持在他选定的基地上进行方案设计，而不考虑现有的基地。他设计的建筑面对海湾和糖面包山，背依老城，从海上和机场看过来，毫无疑问会成为里约最突出的地标，但这个方案最大的问题在于没有很好地解决与旧城的关系。

柯布西耶返回法国后，新部长命令工作小组忘掉大师的设计，重新开始在原基地上进行设计。最终的方案全面遵循了柯布西耶的现代建筑五原则，建筑由一个布置在基地东侧的长方体和一个垂直它的板楼构成，板楼里是办公空间，会议和其他公共设施被布置在底部的长方体中。同时，为了适应热带气候，板楼的两个全玻璃立面采用了不同的处理方式：南立面是透明的，并斜向海景，而北立面是在玻璃墙外混凝土框上安置横向蓝色石棉遮阳百叶，从内部可以通过曲柄开关，调节阳光的入射量。

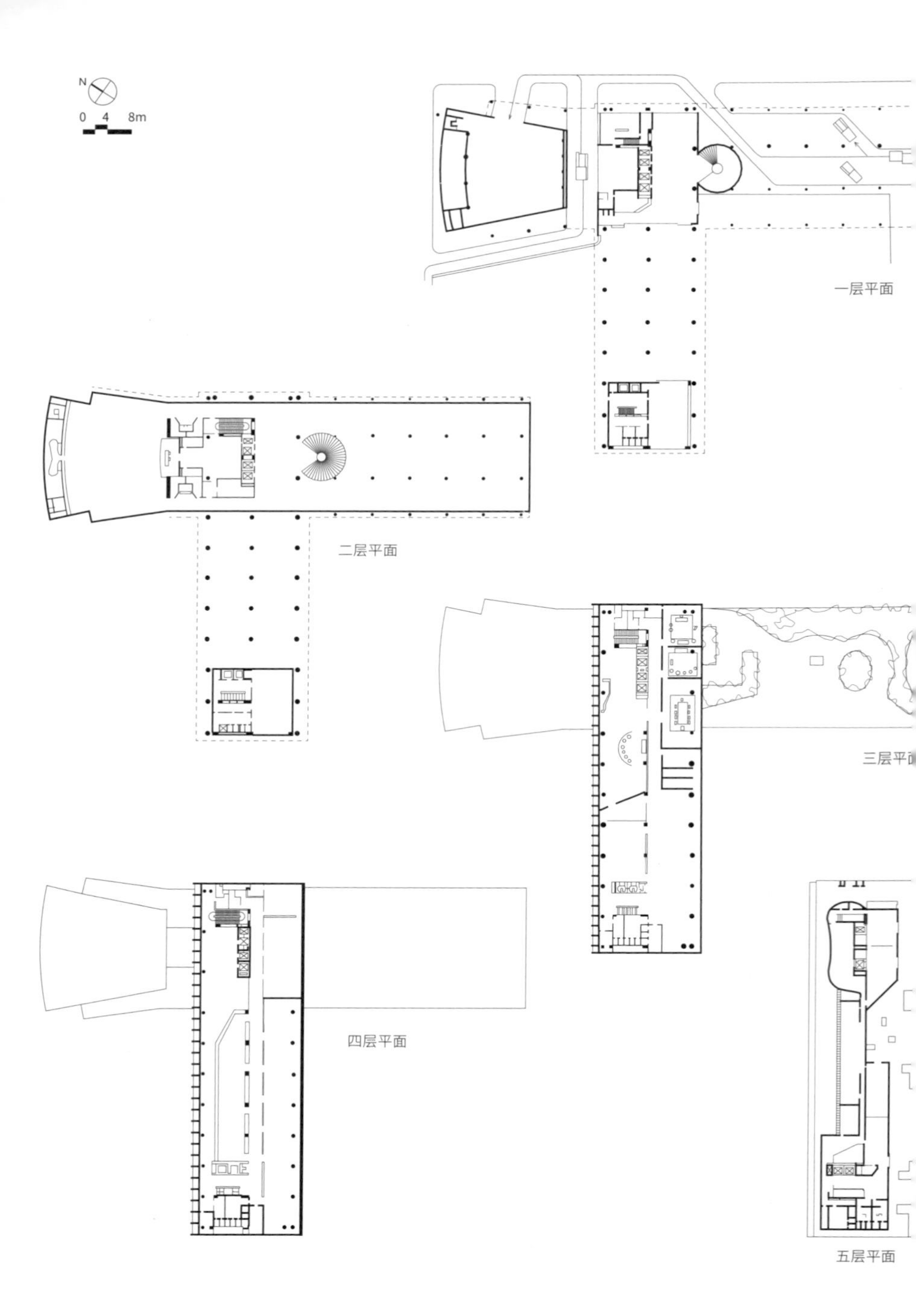

巴西教育与公共卫生部大楼平面

项目中的景观由罗伯托·布雷·马克思设计，从板楼上可以看到像现代抽象绘画一样的地面层花园和屋顶花园，随着时间和季节的变化而变化的画面。罗伯托·布雷·马克思的名字在本书已经出现过，后文会专门介绍这位杰出的景观设计大师。

巴西教育与公共卫生部大楼屋顶花园

这个建筑完工后获得了国际的赞誉，被认为是“西半球最华丽的政府大楼”，“所见到的世界上最好的建筑物之一”。但在这个现代主义建筑中，混杂着与现代主义不同的声音：板楼的底层柱廊尺度巨大，形成了一种带有古典纪念性的入口空间，这显然是针对政府职能的一种设计；底层建筑外墙和建筑室内覆盖了一种传统的葡萄牙瓷砖（azulejo），这种瓷砖类似中国的青花瓷，由巴西艺术家坎第多·波尔蒂纳里设计（柯布西耶在著作中提及这是他的建议）；除此之外，各类绘画、雕塑和装置作品也布置在建筑的室内外，形成了巴西各类艺术家协同创作的“整体性设计”。这种杂糅的做法当时正统现代主义几乎完全不能接受，但在这栋建筑中，建筑师大胆地将现代主义建筑语言、古典和传统的建筑语言，以及本地工艺和技术融合在一起，为巴西现代主义建筑定下了一种包容并蓄的基调，这样的一种态度和立场对于后来巴西，乃至拉美的现代主义建筑发展具有决定性的意义。

在这个设计小组中，当时还是一名美术学院学生的奥斯卡·尼迈耶恳求科斯塔让他作为实习生加入项目组。在这里，他和柯布西耶相识，并保持联系，直到后者于 1965 年去世。根据当时的书信来看，他的设计能力得到了柯布西耶很大的肯定，日后的尼迈耶成为拉美现代主义运动的耀眼人物。

巴西教育与公共卫生部大楼瓷砖壁画

R4
现代艺术博物馆

现代艺术博物馆

从巴西教育部与公共卫生部大楼向海边方向走，通过一个流线型单跨人行天桥，就进入了弗拉门古公园。人行天桥正对面的建筑就是现代艺术博物馆（MAM），由阿方索·爱德华多·里迪设计。

在 1953 年，里约政府决定在弗拉门古公园的北边修建现代艺术博物馆。最初，政府希望委托尼迈耶，但里约市长认为这个设计完全可以由自己的公共建筑部门来承担，没有必要花钱去请人。最终，里迪接手负责这个项目直到 1964 年去世。

里迪是巴西著名的现代主义建筑师。其父亲是英国人，母亲是巴西人，1926 年，他进入里约的国家美术学院学习建筑设计，1930 年毕业后，科斯塔让他为格雷戈里·瓦尔查维奇克助教，瓦尔查维奇克是一位俄裔巴西建筑师，是 20 世纪 20 年代在圣保罗最早倡导现代主义建筑的两位建筑师之一。他曾在一家法国规划公司就职，这段经历使他对于城市和公共问题非常敏感。后来加入教育与公共卫生部大楼项目团队，并在其中负责直接与柯布西耶对接。当项目完成后，他又进入里约政府的城市公共部门工作。这些工作经历使他坚持在公共建筑中探索经济性和效率性问题，而不是像尼迈耶追逐活跃的形式。

这个项目基地就是柯布西耶当年选择安放教育与公共卫生部大楼的位置，是柯布期望自己的设计成为里约城市地标的基地。由此可见，这个基地对于城市和海湾的重要性，里迪的设计出发点就是如何处理建筑与周边环境的关系。建筑分为三个有独立出入口的体块：展览部分、学校和剧院。展览部分是被两组钢筋混凝土 V 形柱抬离地面的方盒子，这使得从老城望向海湾的视线得以通达无阻。两组 V 形柱，向内一侧支撑着二层地板层，向外的一侧延伸到三层与对面对称的外侧柱共同支撑一个大跨梁，三层屋面则悬挂在这道大跨梁之上，二层成为一个无柱和完全自由的空间。最终，开敞而通透的设计使得建筑与室外景观、海湾、山峰融合为一体。室外景观由罗伯托·布雷·马克思完成设计。

里迪的这个设计在巴西现代主义建筑史中有着非常独特的地位，他被认为是里约学派和圣保罗学派之间重要的联结人物。这种外框架建筑类型启发了圣保罗的建筑师，为巴西后来的建筑指出了一个新的方向，确立下来圣保罗学派的一些基本原则：自由地面层、慷慨的内部公共空间以及外框架结构。

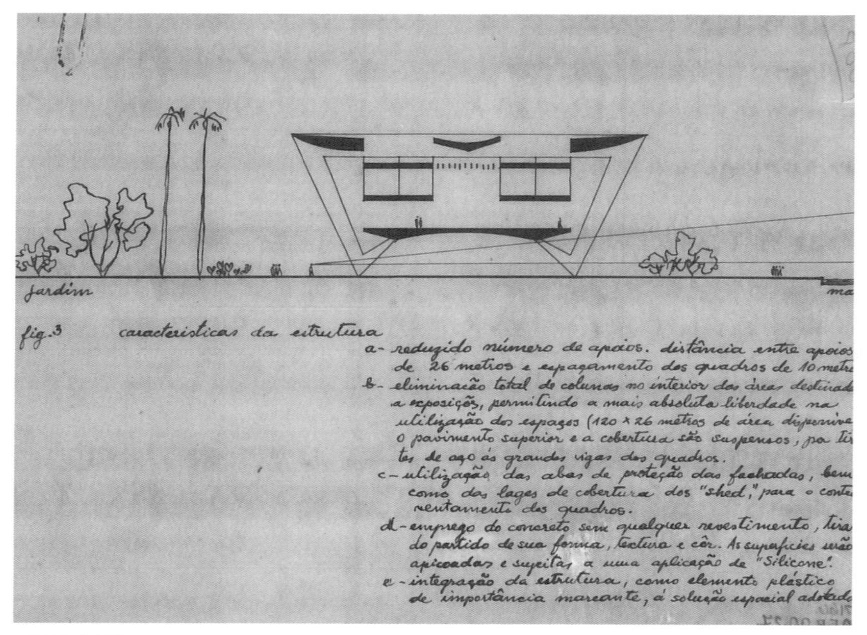

里迪的设计草图

建造中的现代艺术博物馆

现代艺术博物馆鸟瞰

现代艺术博物馆一楼螺旋楼梯

除了现代艺术博物馆之外，里迪还设计过一个重要的社会住宅项目，也就是佩德雷古柳社会住宅（Pedregulho Complex，1947—1958）。在 5 公顷的用地里，布置了社会住宅、学校、体育馆、商业和其他公共设施。在这组综合体中，最主要的体块是一个沿着佩德雷古柳山蜿蜒地形的曲线长条住宅楼，整个住宅楼由柱子架空，在三层还有一个架空层，居民可以从山体较高一侧的街道通过两个步行桥进入三层。这个建筑是早期拉美社会住宅设计精品之一，然而，建筑并不能解决所有的社会问题，这个社区建成后不久就被变成了贫民窟。拍摄于 1998 年的巴西电影《中央车站》就在这个建筑中取景，展现了巴西底层人物的困窘生活。

佩德雷古柳社会住宅中间架空层，入口连接桥

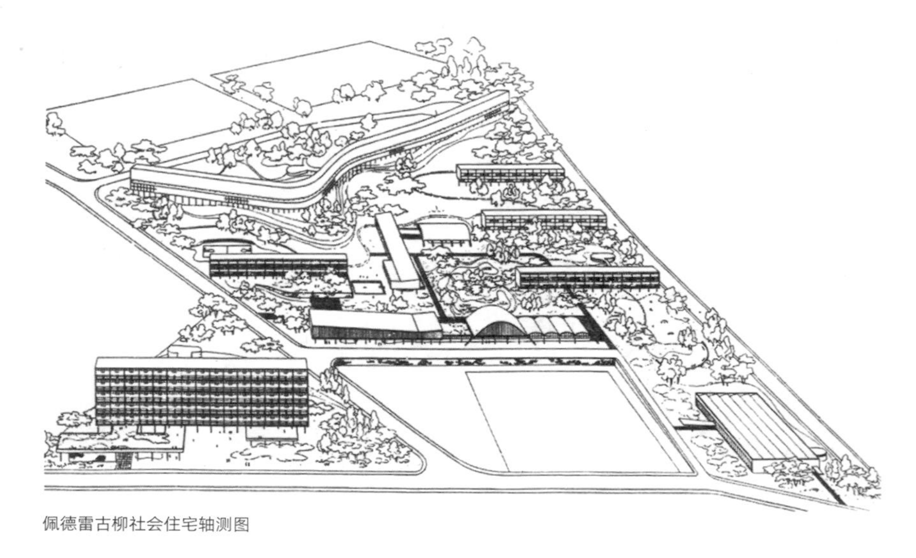

佩德雷古柳社会住宅轴测图

佩德雷古柳社会住宅项目明显受到了柯布西耶的影响。1929 年，柯布西耶第一次访问里约热内卢时，与巴西总统朱里奥·普雷斯特斯讨论了城市问题，后来柯布西耶以草图和文字的形式，提出了里约热内卢未来发展的设想。在阿根廷和巴拉圭的飞行旅途中，柯布西耶受到辽阔的自然地景启发，在《精确性：建筑与城市规划状态报告》一书提出了蜿蜒法则："打算在这里进行一种人类的冒险——希望去创立一种二元性，即创造与'自然存在'相对或并存的'人类创造'。"在里约热内卢的草案中，他将蜿蜒法则与公路结合，以 100 米高的高速公路将城市各个部分连接起来，在高速路下离地面 30 米高修建公寓，贯穿了城市。里迪的佩德雷古柳社会住宅几乎就是这个草案的迷你现实版。

柯布西耶，里约热内卢规划草图，1929 年

R5
里约学派与尼迈耶

纽约世界博览会巴西馆

“卡里奥卡”（Carioca）是印第安语，指白人的居住地，也就是里约热内卢最早的殖民定居点，后来则泛指与里约热内卢有关的一切。据说卡里奥卡人喜欢热闹、生性懒散、与世无争、感情用事、宽容大度，这和保利斯塔人（Paulista），也就是圣保罗人，形成了鲜明的对比，保利斯塔人据说是精力充沛、冲劲十足、注重效率、富于进取。这种城市性格的讨论有时候有些道理，但并非全部正确。卡里奥卡学派也被称为里约学派，讨论与里约建筑师相关的建筑实践和理论，这个学派著名的建筑师有科斯塔、尼迈耶、里迪和罗伯特兄弟等人。

1930 年，年仅 28 岁的卢西奥·科斯塔出任位于里约的国家美术学院院长，立刻着手进行建筑教育改革。这场改革被认为是巴西现代主义建筑的起点，尽管几年后就终止了，但其为巴西培养了一批未来的建筑大师。1936 年，巴西新政府将巴西教育与公共卫生部大楼项目委托给了科斯塔设计，柯布西耶作为顾问参与。1939 年，纽约世界博览会巴西馆（Brazilian Pavilion）建成后，巴西现代主义建筑获得了国际关注。1943 年，纽约现代艺术博物馆举办的巴西建筑展览将巴西建筑推向了国际建筑最前沿，展览出版了《巴西建筑》一书，建筑理论家吉迪恩和亨利·罗素·希区柯克认为巴西建筑展现了一种创造力，为现代主义国际语言增添了新的典范。这象征着巴西现代主义建筑的黄金时代的来临，一大批里约现代主义建筑师作为一个整体登上了国际建筑界的舞台。

如果说里约学派的奠基人是科斯塔，那么让这个学派扬名天下的则是尼迈耶。1934 年，尼迈耶毕业于里约的国家美术学院；1936 年，以实习生身份加入巴西教育与公共卫生部大楼项目工作组，受到柯布西耶决定性的影响；1939 年，与科斯塔合作完成纽约世界博览会巴西馆项目；1940 年，独立完成欧鲁普雷图大酒店项目（Grande Hotel in Ouro Preto），以及贝洛奥里藏特的潘普利亚建筑群（Pampulha buildings）；1945 年，38 岁的尼迈耶加入巴西共产党；1947 年，参与纽约的联合国总部的设计工作；1956 年，巴西总统儒塞利诺·库比契克任命他为巴西利亚的建筑部长，并承担了巴西利亚几乎所有的重要公共建筑项目；20 世纪 60 年代中期军政府上台后，尼迈耶流亡欧洲，流亡期间，他在欧洲共产党人的协助下，完成了法国、意大利、阿尔及利亚等地的建筑设计项目；直到 80 年代初巴西恢复民主政体后，才回到巴西；1988 年，尼迈耶获得普利兹克奖；2012 年，以 104 岁高龄逝世。

欧鲁普雷图大酒店

尼迈耶的建筑实践在时间和空间上跨度很大，按照其作品的特征可以分为：1958 年前的早期创作阶段，这个阶段的作品极具灵动的个性化，以大量曲线为刻板机械的现代主义建筑带来了新风；1958—1965 年的巴西利亚创作阶段，也被称为国家典雅主义阶段；1965—1980 年欧洲流亡创作阶段；1980 年返回巴西后的晚期创作阶段。

尼迈耶早期作品中公认的精品大部分在米纳斯省，在里约热内卢的有一个早期阶段偏晚的作品是尼迈耶自宅（Casa das Canoas，1953），被评价为尼迈耶一生中最杰出的作品之一。这个建筑位于里约热内卢西侧群山的丛林之中，在新兴的海滨旅游度假区伊帕内玛西边，紧邻里约最大的贫民窟罗西尼亚。基地被山坡和浓密的树林所包围，面向大西洋方向有着开敞的海景。从一条林荫小径进入后，会发现由钢柱支撑的白色自由曲线屋顶几乎漂浮在基地之上，下方的自由曲线玻璃窗深深地退在阴影之中，和周围暗绿色的植物融合在一起，这里的视觉中心是一块一半嵌入室内，一半嵌在室外泳池之中的天然巨石。从平面上看，这块巨石也是整个建筑构图的核心，建筑师围绕着巨石在一层布置了住宅的公共功能和室外泳池，沿着巨石边的台阶可以到达负一层，这里布置有面向大海的卧室和书房等私密空间。

俯瞰贫民窟罗西尼亚

热带山林中的尼迈耶自宅

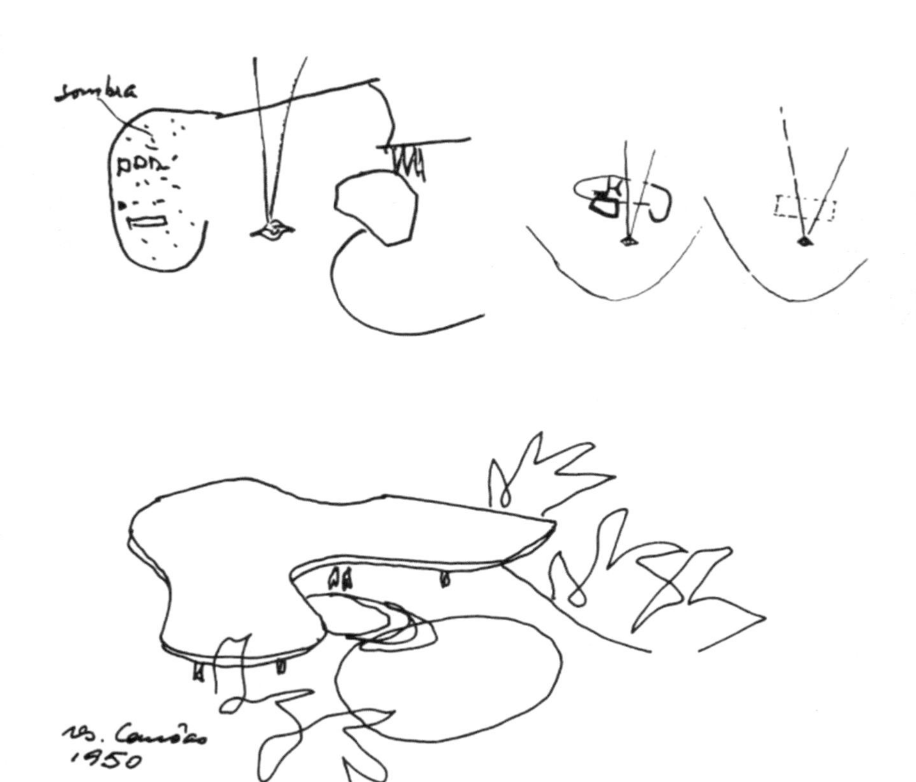

尼迈耶自宅草图

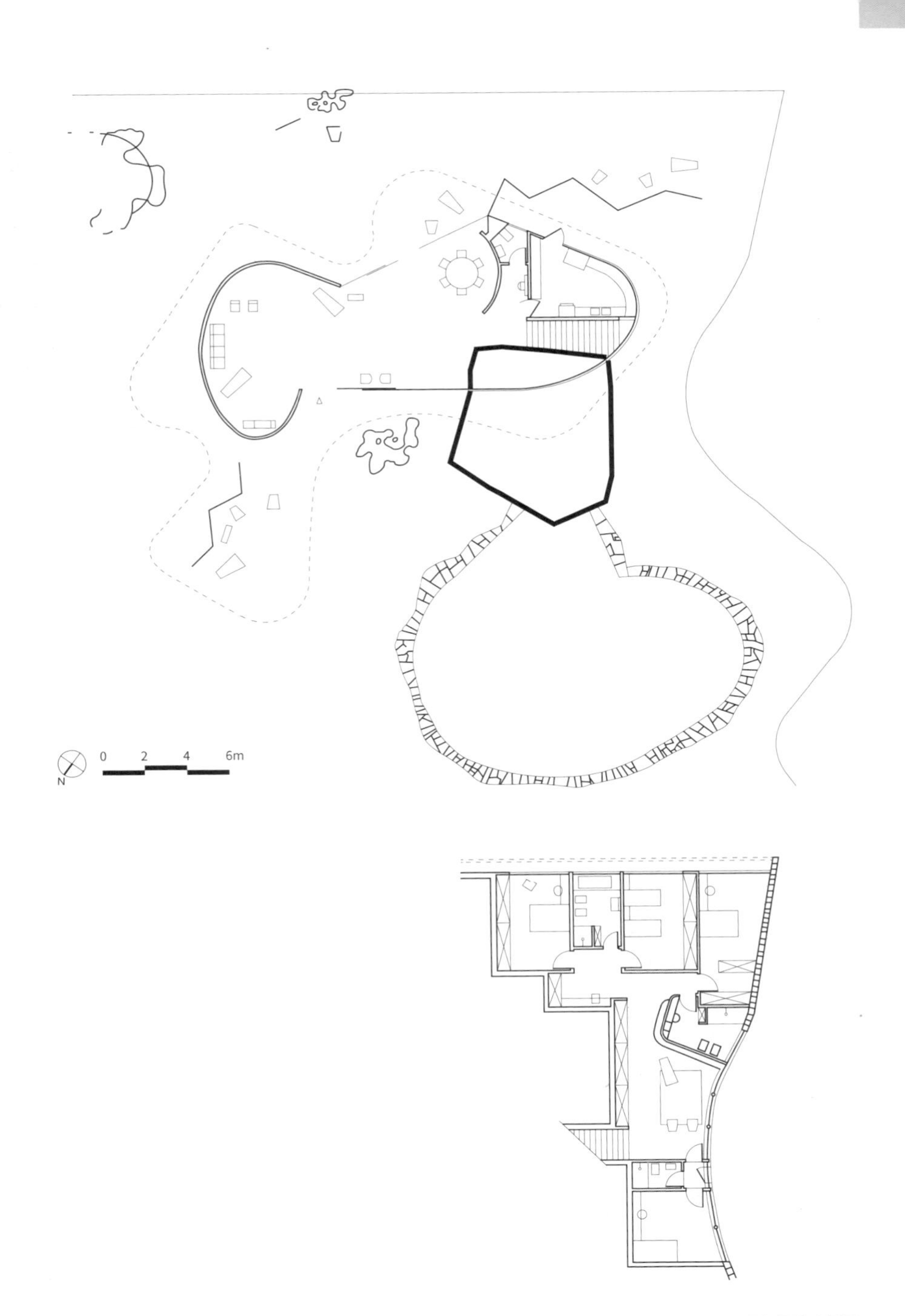

尼迈耶自宅平面

从曲线屋顶下看建筑和庭院

从泳池看尼迈耶自宅，曲线建筑屋顶与巨石与雕塑

这座建筑与周边自然环境完美融合，没有任何装饰的屋顶和柱子成为自然的配景，创造出一个宁静的居住生活场景。在尼迈耶的公共建筑中，自由曲线和强烈的雕塑感表达出一种强烈的欲望和情绪；而这个住宅建筑中，所有的人工部分都顺应自然而为，换而言之，环境就是住宅本身。此外，这栋住宅中的一些建筑手法蕴含着深刻的建筑理论思考，例如巨石在建筑中的作用，屋顶曲线形式与周边树木的关系，启发了诸多拉美年轻建筑师的设计。

尼迈耶在巴西利亚的实践将在后文“巴西利亚”一章具体介绍，欧洲流亡阶段的作品本节也略过不提。当他 20 世纪 80 年代重返巴西后，已经被视为巴西的民族英雄，因此获得了诸多重要建筑项目。

1983 年年初，尼迈耶的好友达西・里贝罗向里约热内卢州州长推荐他来完成桑巴大道项目（Darcy Ribeiro Samba Parade Area，1983—1984）。里贝罗是巴西著名人类学家，也是巴西利亚大学第一任校长。建造桑巴大道目的是为里约热内卢市提供一个城市场所，作为每年狂欢节期间桑巴舞游行的永久场地。里约热内卢狂欢节的第一个已知记录发生在 1723 年。从那一年起，里约热内卢狂欢节变得越来越大，最终成为里约热内卢城的标志，现在的狂欢节一般在每年的 2 月份中下旬举办三天。项目的主体是沿瓦加斯总统大道（Av. Pres. Vargas）长 700 米的观看台，由预制混凝土构建，在大道的尽头是一个高 25 米的钢筋混凝土拱门，下面悬挑一个平台，成为整个项目和活动场所的视觉中心。看台下面布置有大量空间，狂欢节期间为工作人员使用，平时作为桑巴舞学校的教室。整个项目在狂欢节期间可以容纳 72 500 观众。

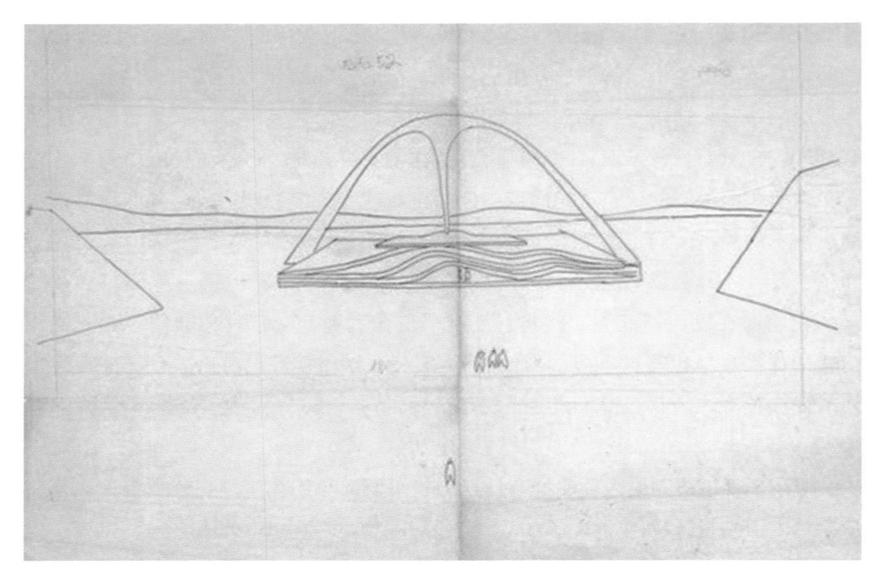
桑巴大道草图

桑巴大道拱门

狂欢节期间的桑巴大道

狂欢节上的人们

1989年，受里约热内卢市长的委托，尼迈耶还设计了尼泰罗伊当代艺术博物馆（Museu de Arte Contemporânea de Niterói，MAC，1989—1996）。尼泰罗伊在瓜纳巴拉海湾的另一侧，与里约热内卢隔水相望，这里是观看里约热内卢整个城市天际线的最佳地点。建筑就选址在尼泰罗伊海滨的一个山坡凸出部分。尼迈耶自己回顾这个建筑设计时说道："由于被大海环绕的基地空间狭小，方案的解决方式很自然地就出来了，也就是，不可避免地指向一种中央支撑的结构，剩下的就是如何安排展览空间和创造拥有最好外部视线的浏览路线了。"建筑坐落在岩石山顶上一个2500平方米广场上，主体碟形（花朵形）建筑直径接近50米，下部支撑的圆柱体直径9米，周边环绕着反射水池；游客需要沿着一条宽阔和自由弯曲的坡道进入这个建筑，室内各层的中间部分是展览厅；这个建筑中最重要的一件展品也许是窗外的风景，博物馆内的环形流线和连续的开窗实际上是为观众打开对面里约热内卢城市的全景。这个方案是尼迈耶晚期重要的作品之一。

当代艺术博物馆

尼泰罗伊海边的当代艺术博物馆

当代艺术博物馆红色坡道

当代艺术博物馆室内全景环廊

R6
海滩与公园

空中俯瞰弗拉门古公园：从左上角的机场沿海滩到右边糖面包山

从现代艺术博物馆（MAM）出来沿着海滩向南走，一直到博塔福戈区，都是弗拉门古公园。

1952 年，里约热内卢政府决定铲平圣安东尼奥山，挖土被用来填海得到一片海滨土地。由于城市南区人口的迅速增长，在科帕卡巴纳区和市中心需要道路连接，因此，沿着这片填海土地修建了一条快速道路，道路和海湾之间的土地被改造成为弗拉门古公园。这个公园由巴西女建筑师萝塔负责，阿方索·爱德华多·里迪和罗伯托·布雷·马克思主持设计完成。弗拉门古公园里除了海滩外，还包括游艇码头、游乐场、足球场、第二次世界大战死难者纪念碑（Monumento Nacional aos Mortos da Segunda Guerra Mundial，1956—1960）以及前面介绍过的现代艺术博物馆。这个公园为城市提供了一处美丽的海滩和休闲场所，舒解了中心城区和南区的紧张联系。但事实上，宽阔的快速路阻隔了公园和城市社区的联系，人们使用起来极为不便。

沿着弗拉门古公园边上的高速路，向糖面包山方向行驶，穿过一条隧道，就到了举世闻名的科帕卡巴纳海滩。当人们想到里约热内卢时，头脑里出现的都是这片新月形海滩，科帕卡巴纳海滩几乎等同于这个城市。

科帕卡巴纳区是里约热内卢南区位于大海和山脉之间的一片狭窄土地，长约 2.5 英里（4 公里），宽度从 0.1 英里（161 米）到 0.75 英里（1207 米）不等。这片区域在 20 世纪 30 年代还只有几栋低矮的房屋，经过 40 年代的快速发展，密集的高层公寓楼占满了整个地区，优美的沙滩和风景、阳光浴和海水浴使得这个地区成为世界旅游目的地。70 年代，城市快速路沿着海滩继续向南扩张，连通南区各片。罗伯托 · 布雷 · 马克思承担了快速路和建筑之间步行道以及道路中间隔离带的景观设计，这条人行步道也被称为科帕卡巴纳漫步道（Copacabana Promenade）。来自葡萄牙传统做法的彩色马赛克以抽象绘画形式绵延了 3 公里之长，在城市和海滩之间创造了一个多彩自由的公共空间。

第二次世界大战死难者纪念碑

科帕卡巴纳海滩

科帕卡巴纳海滩夜景

在这两个最著名的城市景区中，景观设计师都是多才多艺的罗伯托·布雷·马克思，他被称为艺术家、景观设计师、画家、生态学家、博物学家、艺术家和音乐家等。作为 20 世纪国际上最重要的景观设计师之一，他的景观设计理念和实践对现代景观设计发展产生了巨大的影响，他不仅借鉴抽象绘画推动现代景观设计，而且巧妙地将传统的艺术表现，例如平面设计、挂毯和民间艺术等，融入景观设计。此外，他还是最早呼吁保护巴西亚马孙雨林的人，并亲自到亚马孙雨林调研和收集植物，有超过 50 种植物以他的名字来命名；他家中培植了大量的热带雨林植物，并用于景观设计之中。布雷·马克思是一个富有创新精神的高产设计师，其创作的丰富程度与广度——其中包括景观建筑、油画、雕塑、剧场设计、纺织品以及珠宝——都是无人可比的，巴西诸多优秀现代建筑中的景观设计都由他完成，他是巴西现代主义建筑的一位幕后英雄。

科帕卡巴纳海滩漫步道

R7
艺术城与明天广场

艺术城鸟瞰

20 世纪初，大量外国建筑师在里约开展业务和实践，带来了欧洲设计理念和技术，21 世纪初的情况也十分类似，国外著名建筑师开始来到里约，接受设计委托项目。其中最著名的项目是法国建筑师克里斯蒂安·鲍赞巴克设计的艺术城和西班牙工程师圣地亚哥·卡拉特拉瓦设计的明天广场。其他著名国外建筑师扎哈、努维尔、福斯特、迈耶在里约也都有完成作品或者在建作品。

艺术城(Cidade das Artes,2013)坐落于里约东海岸山海之间的蒂茹卡区，毗邻奥运会场地，最初叫音乐城，建成开馆时间是 2013 年，并改名为艺术城。这个建筑的主要使用者是巴西国家交响乐团，建成后的艺术城是南美地区最大的现代化音乐厅。建筑主体被布置在一个巨大的平台上，平台被片状曲面混凝土结构抬离地面 10 米高，在平台上可以看到远处的山海。平台下方是由景观设计师费尔南多·夏赛尔设计的一个热带和水生植物公园。平台作为主要的公共空间和汇聚空间，由此可以进入所有的建筑内部，建筑综合体包含音乐厅、室内乐和流行音乐演奏厅、电影院、舞蹈练习室、大量的排练室、展览空间、餐饮和多媒体图书馆等设施。

鲍赞巴克这样解释他的设计：这个建筑就像一个漂浮在城市之上的巨大客厅，他希望以此来向巴西现代主义建筑传统致敬。从设计建成效果来看，这绝不是设计师简单的谦虚之词。事实上，鲍赞巴克在这个建筑中几乎和所有巴西上一代建筑大师进行了跨时空的对话，将大师们的“绝技”融会贯通地加以改进和突

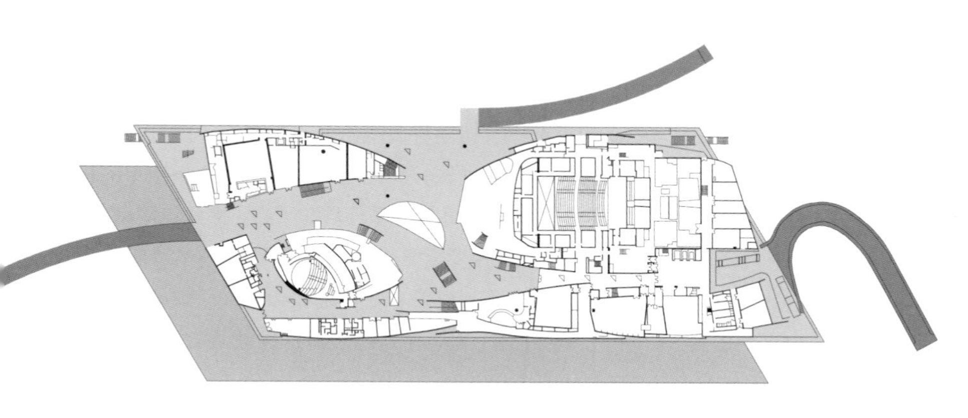

艺术城平面

艺术城基地与周边道路关系

破，创造出了戏剧化的形式效果。架空底层，让自然景观穿过的建筑处理手法是巴西里约学派的重要特征，而另外一个特征就是由尼迈耶所发展出的自由曲线形态。三者都出现在鲍赞巴克的设计中。但他将曲线语言同时用在了抬升建筑的结构体上，摆脱了常规的架空柱和承重墙做法，与里迪在现代艺术博物馆中的设计非常近似。再进一步，互相交错的片状曲面结构垂直贯穿平台，将建筑隐蔽其后，这种处理方式在某种程度上又接近圣保罗学派最典型的特征——不透明外壳包裹建筑。最终，这个建筑毫无悬念地受到巴西专业评论界和公众一致的好评和欢迎， 因为每个巴西人都可以感觉到这个建筑中所蕴含着那种浓浓的巴西味道。

从北边看艺术城

从西边看艺术城

艺术城底层

艺术城室内角部

艺术城大厅

艺术城平台层建筑细节

艺术城平台层建筑细节

艺术城平台层建筑细节

明天博物馆（Museu do Amanhã，2015）位于里约港内位置非常突出的毛阿码头(Mauá)。明天博物馆和周边区域一起构成了马拉维利亚港(Marvellous Port）城市更新项目，这是巴西近十来年最大的一个城市复兴和再开发项目，也是在赢得 2016 年奥林匹克运动会举办权后，政府对民众的承诺之一。整个项目覆盖将近 500 公顷的城市区域，包括诸多城市基础设施更新。

明天博物馆邀请卡拉特拉瓦设计，作为一个关注环境、社会、未来技术的设计，建筑整体像一个船型结构漂浮在旧码头之上，精密细致的曲线构件构成了建筑的外表皮。因为考虑到周边大量的历史建筑，博物馆建筑高度被控制在 18 米以下，总建筑面积约 12600 平方米，包含临时展览、常设展览和其他辅助功能。拥有 10 米高壮观屋顶的二层是常设展览区所在，这里可以观看到瓜纳巴拉湾全景；地面层则布置了办公、教育、研究空间、会议室、商店、餐饮以及门厅等服务设施。带有可移动双翼的巨大悬挑屋顶和立面结构体几乎覆盖了整个码头，其下的主体建筑外环绕着反射水池，水面和大海混合为一体，给游客造成一种建筑漂浮在大海中的意向；水池外围是连续的花园和步道，游人在环绕建筑的过程中可以观看海湾与里约热内卢城市的滨海部分。建筑采用了大量的节能技术和科技，尽量利用基地周边的自然资源来维持自身运行。项目中这些可持续设计，将场所中建筑形态、植物、材料、光和水整合为一个有机的互动系统，为公众提供了一种独特的环保体验。

明天博物馆构思草图

从里约艺术博物馆屋顶看明天博物馆

从北侧看明天博物馆

明天博物馆入口

明天博物馆室内

明天博物馆临水端

在明天博物馆边上，是由伯纳德斯 + 雅克布森建筑事务所（Bernardes + Jacobsen Arquitetura）设计的里约艺术博物馆（Museu de Arte do Rio，MAR，2013）。这个巴西的建筑事务所由两位年轻建筑师主持，其中一位合伙人曾在鲍赞巴克和坂茂的事务所中工作过。

里约艺术博物馆位于衰退的里约旧城码头区，这里存在大量的历史建筑，旧城更新的主要问题是如何保护老建筑并引入新建筑和新功能。建筑师在保护现有老建筑的基础上设计和再利用历史建筑。考虑到这个项目中涉及学校、警察局、遗产建筑以及周边的里约汽车站等诸多要素，设计师从流线分析开始，整合出一套有效的交通组织方式。一个悬浮的波浪形屋面被放置在警察局建筑的上方，将所有功能区的入口集中在建筑的屋顶平台，游客需要先到达这里，从这里俯瞰整个港口区的全景后，通过一个步行桥进入遗产建筑改造的展览区。博物馆的主要展览区被布置在遗产建筑中，后方的原警察局建筑内部则布置了学校、报告厅、多媒体展示区以及行政办公区。该建筑设计有两个独特之处：一是由极为纤细的柱子支撑于原有建筑之上轻薄的曲面结构，为这个改造综合体带来了一个视觉焦点，同时也为建筑综合体创造了梦幻般的光影效果；二是颠覆了常规从地面开始向上的流线组织方式，将参观大厅放在了屋顶平台，让游客自上而下参观的同时，可以看到码头区的风景。

里约艺术博物馆模型

里约艺术博物馆

里约艺术博物馆南向立面

从新建筑屋顶平台看老建筑

新老建筑连接部

里约热内卢项目信息

城市片区

里约热内卢中心区（Urban Center）
参观中心区，请务必注意参观时间：平时请在上午 10 点到下午 5 点之间参观，周末节假日，请在中午 12 点到下午 4 点之间参观，早晚均不安全！

自然景点与公园

弗拉门古公园（Flamengo Park）
科帕卡巴纳海滩（Copacabana）
耶稣山救世基督像 (Cristo Redentor)
糖面包山（Sugarloaf Mountain）

重点介绍建筑

R01 巴西出版协会总部大楼（Associação Brasileira de Imprensa，ABI，1935—1938）

建筑师：罗伯特兄弟(Marcelo and Milton Roberto)
地址：Rua Araújo Porto Alegre, 71
Centro
Rio de Janeiro — RJ
20030-012
Brazil

R02 巴西教育与公共卫生部大楼(Ministério da Educação e Saúde Pública，MESP，1936—1944)

建筑师：卢西奥·科斯塔（Lúcio Costa）
地址：Rua da Imprensa, 16
Centro
Rio de Janeiro — RJ
20030-120
Brazil

R03 里约现代艺术博物馆(Museu de Arte Moderna do Rio de Janeiro，MAM，1953—1958)

建筑师：阿方索·爱德华多·里迪（Affonso Eduardo Reidy）
地址：Av.Infante Dom Henrique 85
Parque do Flamengo
20021-140
Rio de Janeiro
Brazil

R04 尼迈耶自宅(Casa das Canoas,1953)

建筑师：奥斯卡·尼迈耶（Oscar Niemeyer）
地址：Estrada daCanoa, 2 310
São Conrado
Rio de Janeiro — RJ
22610-210
Brazil

R05 圣塞巴斯蒂安大教堂(Catedral Metropolitana de São Sebastião do Rio de Janeiro，1964—1979)

建筑师：埃德加·丰塞卡（Edgar Fonseca）
地址：Avenida República do Chile, 245
Centro
Rio de Janeiro — RJ
20031-170
Brazil

R06 巴西文学协会大楼(Palácio Austregésilo de Athayde，1972—1978)

建筑师：罗伯特兄弟(Roberto brothers)
地址：Avenida Presidente Wilson, 281
Centro
Rio de Janeiro — RJ
20031-170
Brazil

R07 桑巴大道项目(Sambódromo da Marquês de Sapucaí , 1983—1984)

建筑师：奥斯卡·尼迈耶（Oscar Niemeyer）
地址：Sambódromo
Rua Marques de Sapucaí, 50
Centro
Rio de Janeiro — RJ
20220-007
Brazil

R08 当代艺术博物馆（Museu de Arte Contemporânea de Niterói，MAC, 1989—1996）

建筑师：奥斯卡·尼迈耶（Oscar Niemeyer）
地址：Niterói Contemporary Art Museum
Avenida Almirante Benjamin Sodré, 217–413
Boa Viagem
Niterói — RJ
24210-390
Brazil

R09 艺术城（Cidade das Artes，2013）

建筑师：克里斯蒂安·鲍赞巴克（Christian Portzamparc）
地址：Avenida das Americas, 5 300
Barra da Tijuca
Rio de Janeiro — RJ
22793-080
Brazil

R10 里约艺术博物馆（Museu de Arte do Rio，MAR，2013）

建筑师：伯纳德斯 + 雅克布森建筑事务所（Bernardes + Jacobsen Arquitetura）
地址：Praça Mauá, 5
Centro
Rio de Janeiro — RJ
20090-060
Brazil

R11 明天博物馆（Museu do Amanhã，2015）

建筑师：圣地亚哥·卡拉特拉瓦（Santiago Calatrava）
地址：Praça Mauá, 1
Centro
Rio de Janeiro — RJ
20090-060
Brazil

其他建筑

R12 里约热内卢大剧院（Municipal Theater of Rio de Janeiro，1904—1909）

建筑师：阿尔伯特·吉尔伯特（Albert Guilbert），弗朗西斯科·德·奥利维拉·帕索斯（Francisco de Oliveira Passos）
地址：Praça Floriano
Centro
Rio de Janeiro — RJ
20031-050
Brazil

R13 国家图书馆（Fundação Biblioteca Nacional，1905—1910）

建筑师：赫克托·佩平（Hector Pepin）
地址：Avenida Rio Branco, 219
Centro
Rio de Janeiro — RJ
20090-003
Brazil

R14 里约热内卢市政厅（Palácio Pedro Ernesto，1920—1923）

建筑师：弗朗西斯科·库切特（Francisco Cuchet）
地址：Praça Floriano
Cinelândia
Rio de Janeiro — RJ
20031-050
Brazil

R15 皇家葡萄牙语图书馆(Real Gabinete Português de leitura)

建筑师: 拉斐尔·德卡斯特罗 (Rafael de Castro)
地址: Rua Luiz de Camões, 30
Centro
Rio de Janeiro — RJ
20051
Brazil

R16 桑托斯·杜芒特机场航站楼(Aeroporto Santos Dumont, 1938—1945)

建筑师: 罗伯特兄弟 (Roberto brothers)
地址: Praça Senador Salgado Filho, s/n
Rio de Janeiro — RJ
20021-340
Brazil

R17 第二次世界大战死难者纪念碑(Monumento Nacional aos Mortos da Segunda Guerra Mundial, 1956—1960)

建筑师: 马科斯·康德尔·内托 (Marcos Konder Neto), 赫利奥·里巴斯·马里尼奥 (Helio Ribas Marinho)
地址: Parque do Flamengo
Glória
Rio de Janeiro — RJ
Brazil

R18 佩德雷古柳社会住宅综合体项目(Pedregulho Complex, 1947—1958)

建筑师: 阿方索·爱德华多·里迪 (Affonso Eduardo Reidy)
地址: Rua Marechal Jardim, 450
Benfica
Rio de Janeiro — RJ
20920-203
Brazil
注: 这个片区治安混乱, 不建议个人前往

R04
R09

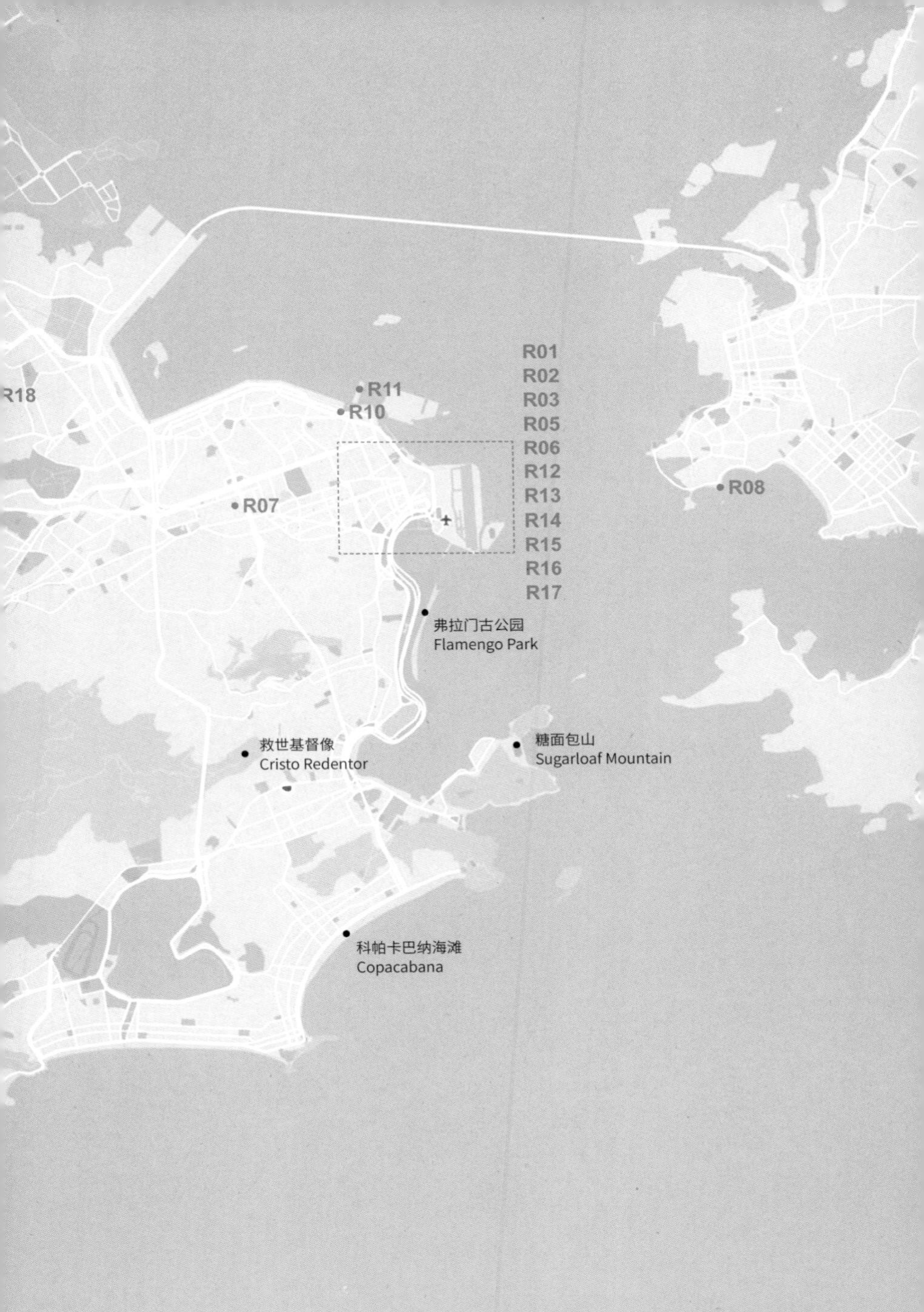
R01
R02
R03
R05
R06
R12
R13
R14
R15
R16
R17
R11
R10
R07
R08
R18
弗拉门古公园
Flamengo Park
救世基督像
Cristo Redentor
糖面包山
Sugarloaf Mountain
科帕卡巴纳海滩
Copacabana

里约热内卢建筑分布图

R15
老城区
Old Tow
中心城区
City Center
R12
R01
R02
R13
R14
R06
R05
弗拉门古公园
Flamengo Park
R17

桑托斯·杜芒特机场
Aeroporto Santos Dumont

R16

里约热内卢中心区建筑分布图

圣保罗 S

S1
从殖民前哨到大都市

20 世纪 60 年代圣保罗修建的高速公路

初到圣保罗的人，常常觉得这里很像纽约，到处都是摩天大楼，整个城市的天际线似乎就是由一望无边的高层建筑构成。但纽约只有曼哈顿是这样的景象，而圣保罗除了一些飞地和低密度的贫民窟外，几乎整个城市都是如此，考虑到圣保罗的城市面积是纽约的三倍大，拥有 2000 多万人口，就理解其建筑和人口密度之高。通常，支撑这样的超级大都市需要完备的基础设施和通畅的公共交通，而圣保罗不同区域间只有很少的公共交通联系，远距离出行只能依靠私家车，在这个意义上，圣保罗和洛杉矶十分相似，是一个为汽车设计的城市。和里约热内卢不同，圣保罗城市中人工构筑物占据了城市的每一个缝隙，巴西最不缺乏的自然在这里反而成了一种稀缺，为了补偿这种缺失，圣保罗拥有世界上最多样的公共空间。正是在这样特殊的大都市中，得以产生出不一样的建筑实践和思考。

在前哥伦布时期，现今的圣保罗中心区是铁特河（Tietê）边较低的一块台地，周围遍布茂盛的野草以及零星的灌木，最初是印第安人的定居点。1554 年，葡萄牙的耶稣会牧师曼努埃尔·达·诺布雷加和何塞·德·安切塔在这里建立了一个教会和学校。这个社区发展缓慢，到 16 世纪末也只有 300 名居民。1560 年，圣保罗成为一个镇，其议会可以颁布和执行法律。1681 年，葡属巴西被分成几个行政省，圣保罗成为新成立的圣保罗省首府，成为巴西南部行政中心。17 世纪的圣保罗是殖民武装拓荒者的一个基地，他们为了寻找印第安奴隶、黄金、白银和钻石而深入巴西的内陆腹地。1711 年，圣保罗获得了城市的地位，但仍然是一个农业城镇，没有任何繁荣的迹象，但随后黄金和钻石的发现彻底地改变城市经济面貌，并吸引了大量来自欧洲的移民。18 世纪晚期，这些矿产最终耗尽，圣保罗主要经济转向了甘蔗种植业。

1823 年，巴西宣布脱离葡萄牙独立，建立了巴西帝国。在独立后的第一个十年里，巴西的第一位皇帝佩德罗一世宣布圣保罗为帝国城市。1827 年，圣保罗建立了第一所法学院，最后并入现圣保罗大学。19 世纪中期，随着越来越多的学生搬到城市及其周边，高等教育的发展带来了城市新的增长。但 1840 年的圣保罗仍是一个只拥有 2 万居民的小城镇。19 世纪早期，巴西咖啡成为一种重要的经济资源，圣保罗很快成为巴西最大的咖啡产地，咖啡最终超过了甘蔗，成为主要的农产品。这一变化带来了新的经济发展，如 1869 年在圣保罗和桑托斯港（Santos）之间建立了铁路，方便出口咖啡。铁路的发展很快使圣保罗成为巴西中部的主要枢纽。1888 年，巴西废除了奴隶制，直接影响到了圣保罗的经济，被解放了的奴隶为圣保罗兴旺的咖啡产业提供了廉价和充足的劳力。咖啡为许多 19 世纪 70 年代以来的移民提供了就业机会。1888 年至 1900 年间来此的近 90 万外国人中，意大利人占了 60 多万，很快就超过了巴西本地人。先是葡萄牙、西班牙、德国和东欧移民，随后是叙利亚、黎巴嫩和日本移民，他们共同构成了巴西丰富的民族拼图。

1889 年，巴西通过一场不流血的政变建立了共和国，第一批真正意义上的工业开始在圣保罗建立，取代了咖啡产业成为经济增长的主要来源。随着工业发展，圣保罗也成为巴西重要的政治中心。

19 世纪末，大型工业成为圣保罗的主要经济驱动力，也导致这个时期圣保罗因其严重的雾霾而闻名，这是由于城市周围的山脉聚集了越来越多的污染空气。1899 年至 1911 年期间，市长安东尼奥·普拉多进行了一次重大的中心区改造工程，除了修建极具纪念性的新火车站（使用英国设计和材料），还拓宽街道和增建城市广场。这一时期，城市里最富有的咖啡大亨们的豪华府邸林立于圣保罗大道（Avenida Paulista）两旁，五到六层的混凝土建筑在市中心变得越来越普遍。

在大量移民、快速工业化和涌入投资综合推动下，整个 20 世纪 20 年代圣保罗保持了高速增长。20 年代初，越来越多的汽车和柴油公交车使得中下阶层可以从偏远的居住地到市中心上班，也使得一些富人开始离开中心区，搬到郊区居住。到了 30 年代，圣保罗的一些较好的地区出现了现代面貌，但大部分地区基本没有变化。圣保罗在 1889 年之前没有任何城市规划，直到 1972 年才通过《城市规划分区法》。事实上，一直到 20 世纪中期，这座城市的许多地方仍保留着殖民时期的样子。

1920 年至 1940 年间，圣保罗人口增长了一倍多，达到 130 万。尽管当时巴西最大的城市里约热内卢在这段时间里也发展迅速，但圣保罗仅比里约热内卢少 46 万居民。1939 年至 1945 年期间，市长兼工程师弗朗西斯科·普雷斯特斯·玛雅不顾居民的反对，拓宽了许多城市街道。

第二次世界大战后，圣保罗的人口以前所未有的速度激增。外部移民速度放缓，但随着来自巴西其他地区的内部移民急剧加速，圣保罗蓬勃发展。自 40 年代以来，圣保罗一直是世界上发展最快的城市之一，并在 1960 年超过当时巴西最大的城市里约热内卢。到了 20 世纪下半叶，圣保罗的城市边界已经远远超出了城市的范围，延伸到周围的乡村，形成了今天的圣保罗都市圈。

60 年代，圣保罗州（巴西人口最多的州）几乎一半的人口生活在圣保罗，解决了全国工业就业总人数的三分之一。这一时期，汽车成为圣保罗家庭的主要交通工具，1967 年，新的高速公路沿着运河化的铁特河和皮涅罗斯河（Pinheiros）修建，并扩建了大量的高速公路。然而，再多的公路和街道拓宽也只能暂时缓解交通拥堵。60 年代末，圣保罗开始修建地铁系统，希望能改善城市交通状况，其后的几十年里，新的地铁线路不断增加。

20 世纪 20 年代圣保罗市中心改造计划

在 1964 年至 1985 年的巴西军事政权统治下，圣保罗的经济依然有所增长，并修建了很多公共工程项目。在 20 世纪六七十年代，每年有多达 30 万人涌入这个大都市地区，其中许多人来自巴西贫穷的东北部，由于城市缺乏足够的公共基础设施和住宅，城市周边出现了众多的贫民窟，最终包围了整个城市。

今天的圣保罗不仅是世界上人口增长最快的大都市之一，而且也是南半球最大的城市，既是拉美最国际化的大都市，也是拉美贫民窟人数众多的城市之一，充满了戏剧化的对比和矛盾。

S2
圣保罗老城

法院广场旁的早期殖民建筑

尽管圣保罗作为殖民地的历史很长，但直到 19 世纪初，它只扮演着一个默默无闻的帝国殖民地前哨角色。因此，圣保罗老城中并没有太多历史悠久的建筑，凡建成超过 100 年的建筑都是珍贵的历史建筑。

老城最初的范围大致是由圣本笃（Mosteiro de São Bento）、圣弗朗西斯教堂（Igreja de São Francisco）和卡尔穆三一教堂（Igreja da Ordem Terceira do Carmo）构成的一个三角形区域，在此基础上，圣保罗演变成为现在人口过千万的国际大都市。20 世纪初，随着圣保罗经济地位的上升，以及建筑新材料和新技术的出现，在商业利润的刺激下，这片区域开始改变，一二层的殖民建筑基本被拆除完毕，建筑向垂直方向发展，新建的高层建筑大部分是折中主义风格、装饰艺术风格和新古典风格。这是老城第一次比较大规模的更新，抹去了中心区许多殖民时期的痕迹。30 年代初，巴西现代主义建筑最早在圣保罗开始被提倡和实践，老城出现了一些早期现代主义高层建筑。20 世纪五六十年代，在高速城市化和郊区化的背景下，这片区域出现了第二次大的城市更新，一些更高更大体量的建筑开始出现，同时城市扩展到外围的保利斯塔诺大街和其他区域，老城的衰败也随之而来。目前政府正在努力复兴该区域作为文化、旅游和休闲中心。

圣保罗大教堂（Catedral da Sé）以及前面的中心广场（Praça da Sé）被认为是圣保罗的中心点，这里也是各种公交换乘的中心枢纽。向北到罗伯特西蒙森路（R. Roberto Simonsen），可以达到圣保罗建城纪念广场（Memorial dos Fundadores），一路上可以看到一些圣保罗最早期的殖民建筑，大部分是根据资料重建。

圣保罗大教堂

从中心广场向西，可以到达国父广场（Praça do Patriarca），广场位于安汉格堡河谷（Vale da Anhangabaú）大桥的一端，是连接老城的一个重要节点，随着老城衰退，这个广场曾作为公交车站使用。政府为了复兴这片区域，邀请巴西著名建筑师保罗·门德斯·达·洛查来改造这个广场（Praça do Patriarca，1992—2002）。达·洛查的设计包含两部分，一个是广场上一个漂浮的雨棚，另外一个是对大桥桥头的改造，第二部分一直没有实施。广场上方 40 米见方的金属雨棚由两个巨大的柱子悬挂，下方覆盖一个画廊和公共设施的出入口。

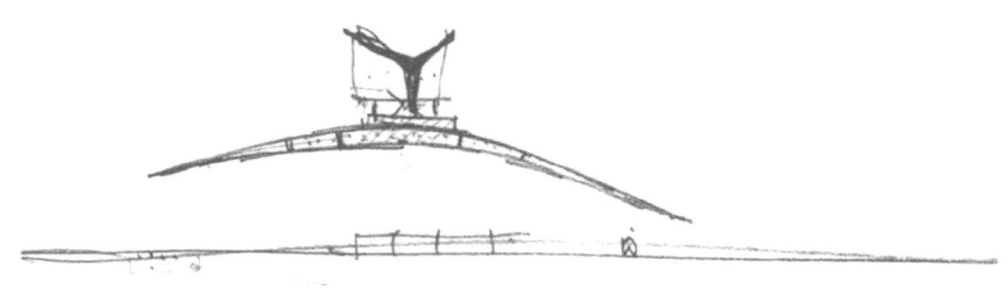

达·洛查构思草图

从大桥上看国父广场

国父广场雨棚

国父广场

站在大桥上，河谷中的景色可以尽收眼底，眼前是一个市民公园，一条高速路从公园下隧道穿过。由于这片公园内缺乏公共设施，有很大的安全隐患，圣保罗市政府正计划重新改造这一片区域。从这里回望圣保罗老城区，达·洛查的巨型白色雨棚从周围古典建筑背景中凸显出来，如同新旧城市之间的一个大门，背景中大量高层建筑由于维护不佳而显得陈旧和暮气沉沉，但从建筑的比例、尺度和细节可以看出曾经的繁华。

桥下公园

从大桥上回望圣保罗老城

跨过大桥，就走出了圣保罗老城，到达了圣保罗传统的商业区。20 世纪 20 年代，因为老城无法应对快速的城市化带来的需求，因此开发了这片区域。这一侧的桥头坐落着圣保罗市大剧院（Teatro Municipal de São Paulo，1903—1911），这座华丽的新古典主义和巴洛克风格剧院和里约热内卢大剧院一样，都是以巴黎大剧院为范本，由工程师拉莫斯·德阿泽维多、意大利建筑师克劳迪乌斯·罗西和多米齐亚诺·罗西设计，是南美地区最重要的文化设施之一，举办过很多重要演出。

圣保罗大剧院

在圣保罗大剧院的后方街区，紧凑排列着一些旧的三四层建筑，有一个混凝土体块从这些老建筑立面中挤出，建筑主体像一个八爪鱼一样在街区间伸展开来。艺术广场项目（Praça das Artes，2009—2012）由“巴西建筑”事务所（Brasil Arquitetura）设计，这家设计事务的几位主创建筑师曾经在丽娜·博·巴尔迪的指导下工作过，本地人戏称他们是“丽娜的男孩”。

艺术广场项目是圣保罗政府老城复兴项目，主要功能是为市民提供音乐、舞蹈和艺术相关的活动场所，希望用艺术激活这片区域。街区内有一个废弃的老音乐厅建筑，围绕这个历史建筑，政府逐渐征收周边地块进行改造，因此项目必须在不理想的基地条件、狭小的可使用空间和断断续续的工期中进行。在这个项目中，建筑师采用了圣保罗学派最常用的设计手法，尽可能地将建筑底层架空，完全贡献给城市作为公共空间，将原先封闭拥挤的街区从三个方向打开，形成一个不规则的街区内部广场；建筑材料上，使用圣保罗学派常用的暴露混凝土，但是彩色混凝土来区分不同功能的建筑；建筑的开窗形式则自由多变，形成律动的节奏感，隐喻了建筑的音乐和表演艺术。这栋在历史街区夹缝中腾空盘绕的建筑将基地的限制条件转化为独特的建筑形式，将城市地貌、地方历史和大众生活整合在一起，创造了出新的城市公共空间，是近年来拉美不可多得的优秀城市更新项目。

艺术广场模型

艺术广场西北入口

艺术广场北侧入口

艺术广场庭院

从河谷看艺术广场

从内部庭院向街道看

艺术广场东侧高层

艺术广场北面“5 月 24 日街”（R. 24 de Maio）的街角，是达·洛查与 MMBB 建筑师事务所的玛尔塔·莫雷拉和米尔顿·布拉加合作 2017 年完成一个改造项目，被称为 5 月 24 日街 SESC 中心（SESC 24 de Maio，2000—2017），项目的业主是一家被称为 SESC 的社会服务商会。这个组织于 1946 年创立，是一家非营利私营机构，依靠商界捐款支持，关注企业员工及其亲属的社会福利。SESC 因其社区模式和优秀的建筑质量而闻名，社区中各种服务设施向公众开放，健康服务和社会援助则仅面向其会员。SESC 在圣保罗的另一个著名建筑是由建筑师丽娜·博·巴尔迪设计的 SESC 庞培亚中心（SESC Pompeia）。

5 月 24 日街 SESC 中心

在这个项目中，建筑师并没有简单地将原有的12层百货商店夷为平地重新设计，而是剥离墙体、拆除附着物，仅留下U形的骨架体量。在柱腿与横向联系之间的“空”的空间，他插入了四根柱子支撑起新的平台，用来承载顶部一个巨大的游泳池。大楼中间层布置了SESC所需的各种公共服务设施，例如前台、行政办公、美食广场、休闲区、图书馆、展览区、工作坊以及运动区等。除了用于隐藏管道的乳白色垂直条带，建筑通体被绿色镜面玻璃幕墙覆盖，如顶部的泳池一般晶莹透亮。开敞的一层公共画廊和广场沿对角线划分，三角形体量被涂以亮眼的色彩，象征新古典主义或寓意狂欢：首先，粉色是19世纪帝国时期巴西房屋外立面最受欢迎的色彩；其次，粉色和绿色都是代表曼盖拉（Mangueira，著名的里约桑巴舞学校）的色彩。楼顶的空中泳池和泳池花园是这个建筑的视觉亮点，也是观赏圣保罗城市最佳的平台。这个项目也是圣保罗老城复兴计划的一部分。

5月24日街SESC中心低层

5 月 24 日街 SESC 中心周边环境

屋顶的天空泳池

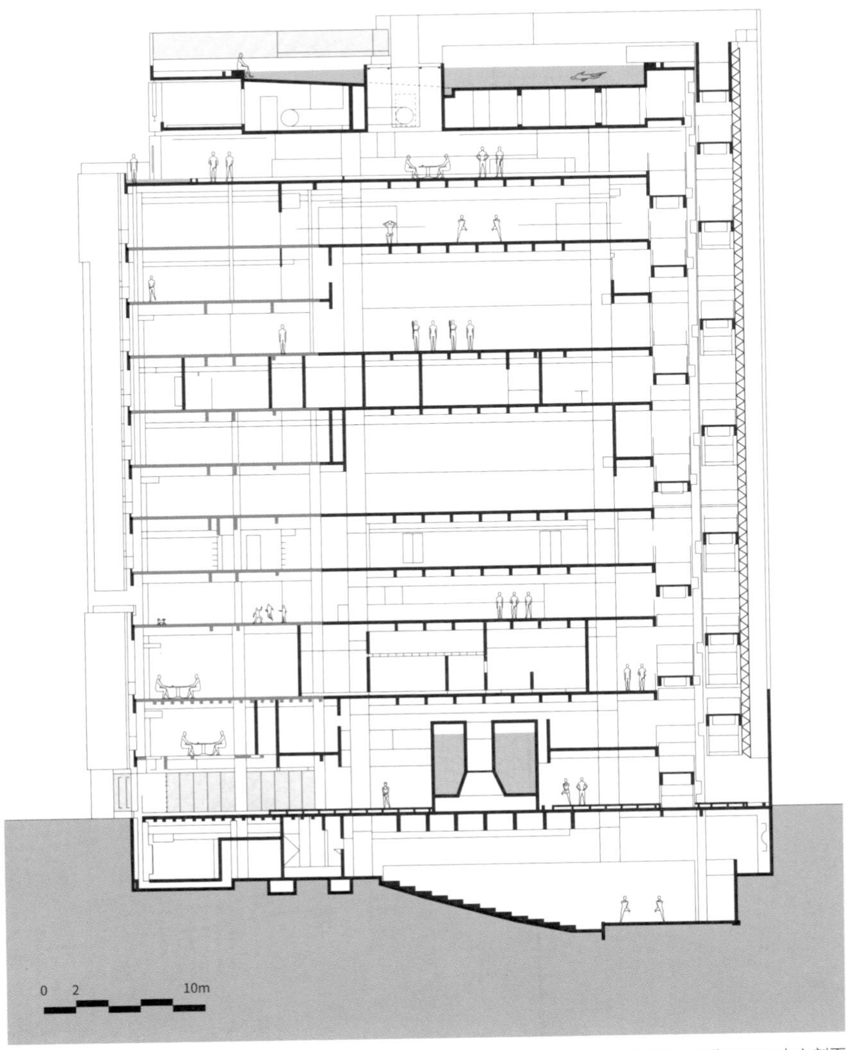

5 月 24 日街 SESC 中心剖面

共和广场公园南侧建筑组群，可以看到埃丝特大楼、意大利大厦、科潘大厦

共和广场公园（Praça da República）对面矗立着一栋圣保罗最早的现代主义建筑——埃丝特大楼（Edifício Esther，1936—1938），由建筑师阿尔瓦罗·维塔尔·巴西尔和阿德马尔·马里尼奥设计。这栋建筑的业主是糖业大亨，设计目的是在圣保罗最繁华的商业区建造一栋糖业公司的总部，同时可以容纳商业、办公和公寓，这也是圣保罗最早的混合使用建筑。这栋建筑的设计采用了早期现代主义风格语言，或者更准确地说是装饰艺术风格。在当时，这片商业区大多是两三层的店铺，这栋建筑无论是建筑风格和规模，还是建筑功能组织，都是开创性的，因此成为当时圣保罗各界名流的聚会之地。

埃丝特大楼

不远的街角上是意大利大厦（Edifício Itália，1960—1965），这栋建筑至今仍是巴西最大的几个建筑之一，共有 46 层楼，高约 165 米，是圣保罗重要的地标建筑。这栋建筑由巴西的意大利移民集资建造，象征着当时意大利移民在巴西发展中的巨大贡献，以及意大利移民在城市中社会和经济地位的上升。1953 年，一家工程公司完成这栋高层建筑的平面和结构设计，由德国建筑师弗朗茨·黑普设计建筑造型。这座高层建筑裙房和高层连接处，建筑退后形成一个龛，放置了意大利政府捐赠的雕塑——一匹前蹄腾空的马。这个颇有古典韵味的局部设计，与高层部分简洁不断重复的立面形成一种戏剧化的对比效果。建筑顶楼有一个餐厅，在那里可以俯瞰圣保罗城市的全景。

意大利大厦

意大利大厦笔直高耸的身后，站立着带有“弯曲而优雅的线条”的科潘大厦（Edifício Copan，1951—1966），由尼迈耶设计。这是纪念圣保罗市建城四百周年的项目之一，同时政府受美国洛克菲勒中心项目的启发，希望在共和区打造同样的一个容商业、金融、办公和居住为一体的现代城市中心。这个建筑是巴西最大的钢筋混凝土结构，高 115 米，共 32 层，建筑面积 12 万平方米，共有 1160 套不同尺寸的公寓。在这个建筑中，尼迈耶尝试突破刻板的直角地块开发模式：因为城市地产投资，新区的地块被机械地划分成为长方体块，建筑师希望以 S 曲线形式将项目与周围环境和景观融为一体，但这个建筑很多地方并没有按照尼迈耶的设计实施，因此尼迈耶个人对建成后的项目极为不满。

科潘大厦

科潘大厦轮廓线

科潘大厦底部楼梯

这个建筑的底层地面值得注意，建筑底层完全对外开放，内部联排商铺平面也是曲线造型，没有一个直角，地面是一个平缓的坡面，逐渐降低。这样设计的原因在于：基地原先是一个布满小型建筑的坡地，一层坡面上的小商铺不仅与某种历史城市意向对接起来，也使得这个综合体成为一个微缩的城市。

S3
伊比拉普埃拉公园

伊比拉普埃拉公园

伊比拉普埃拉公园(Ibirapuera Park)被认为是世界上最好的城市公园之一，是圣保罗喧嚣的大都市中一片宁静的空间。漫步在这个公园中，可以看到优美的自然环境和远处层层叠叠的建筑组成的圣保罗天际线。

20 世纪初，随着圣保罗的蓬勃发展，地方政府有意在城市中建造一个公园，希望能够像纽约的中央公园或伦敦的海德公园一样。当时唯一适合建造公园的空间是位于市中心南部的伊比拉普埃拉洪泛区，这是 19 世纪的一个土著村庄（“Ibirapuera”一词在图皮瓜拉尼语中意为腐朽的树木）。但在 1920 年这个项目被叫停，原因是无法在这片沼泽地上建造公园，因此政府在洪泛区大量种植树木，以排干土壤中的水分。几十年后，在圣保罗建城 400 年之际，这个项目又被提上议程。政府委托尼迈耶负责公园的建筑项目，罗伯托·布雷·马克思和奥塔维奥·奥古斯托·特谢拉·门德斯负责公园的景观设计。

在这个公园中，最突出的是一个面积为 28 800 平方米的流线型大雨棚(Grande Marquise)，由尼迈耶设计。这个结构全长 620 米，宽度在 10 米到 80 米之间，由 121 根柱子支撑。这个超尺度结构连接了尼迈耶设计的五个建筑，其不规则曲线造型犹如一个躺着的女人。最初这个结构是封闭的，后来拆除了外部玻璃和墙壁，成为开敞的室外连廊。这个巨型雨棚使游客避免受到圣保罗强烈的阳光照射，为公园提供了一个融入自然之中的公共空间。无论天气如何，在这个雨棚下都可以看到青少年在进行跳舞、滑轮和自行车等活动，类似一个全季候的城市运动公园。

曲线雨棚

曲线雨棚

这个巨大的雨棚连接了尼迈耶设计的五个建筑。

双年展馆（Pavilhão Ciccillo Matarazzo，1957）在公园的东侧，是公园中最大的建筑物，由尼迈耶和埃利奥·乌乔合作设计。建筑总面积 25 000 平方米，外形是一个规整的正方体，玻璃幕墙外面悬挂着尼迈耶常用的遮阳板，看上去极为普通，但内部自由曲线中庭与坡道像巴洛克建筑一样充满了张力。这个建筑最早是工业馆，后来在此举办了第四届圣保罗双年展，之后就作为世界四大双年展之一的圣保罗双年展和时装周的主场馆。

国家馆（Pavilhão Manoel da Nóbrega，1959）位于公园的西侧。这栋建筑规模比双年展馆略小，上部长方体量悬挑部分由下部 V 形柱支撑。自 2004 年以来，用作巴西非裔博物馆，致力于巴西黑人移民的历史、人类学和艺术收藏，藏有 6000 幅绘画、雕塑、照片、文件和其他可追溯到 15 世纪的文物。

巴西文化馆（Pavilhão das Culturas Brasileiras，1959）与国家馆相邻，沿垂直方向布置，结构也与国家馆相似。原建筑是市政数据处理总部所在，2010 年，改为巴西文化博物馆。总面积 6780 平方米，用于展示本地艺术、设计、手工艺等。

展览宫（Palácio das Exposições，也被称为 Oca，1951），曾被用作航空博物馆和民俗博物馆。建筑约 10 000 平方米。这个建筑在外部纯净的圆顶下隐藏了复杂的内部空间，共有地下两层，地上三层，每层由自由曲线和坡道形成不同的空庭。近期，达·洛查与 MMBB 建筑事务所合作负责改造了这个建筑。

大报告厅（Auditório Ibirapuer， 1950—2005）由尼迈耶设计于 1950 年，有多种方案，但直到 2005 年，其中最简洁的方案被建造完成。半埋入地下的梯形建筑在功能上分为礼堂、门厅和内廊，入口部分红色波浪形金属雨篷成为这个建筑最突出的视觉形象。

双年展馆室内

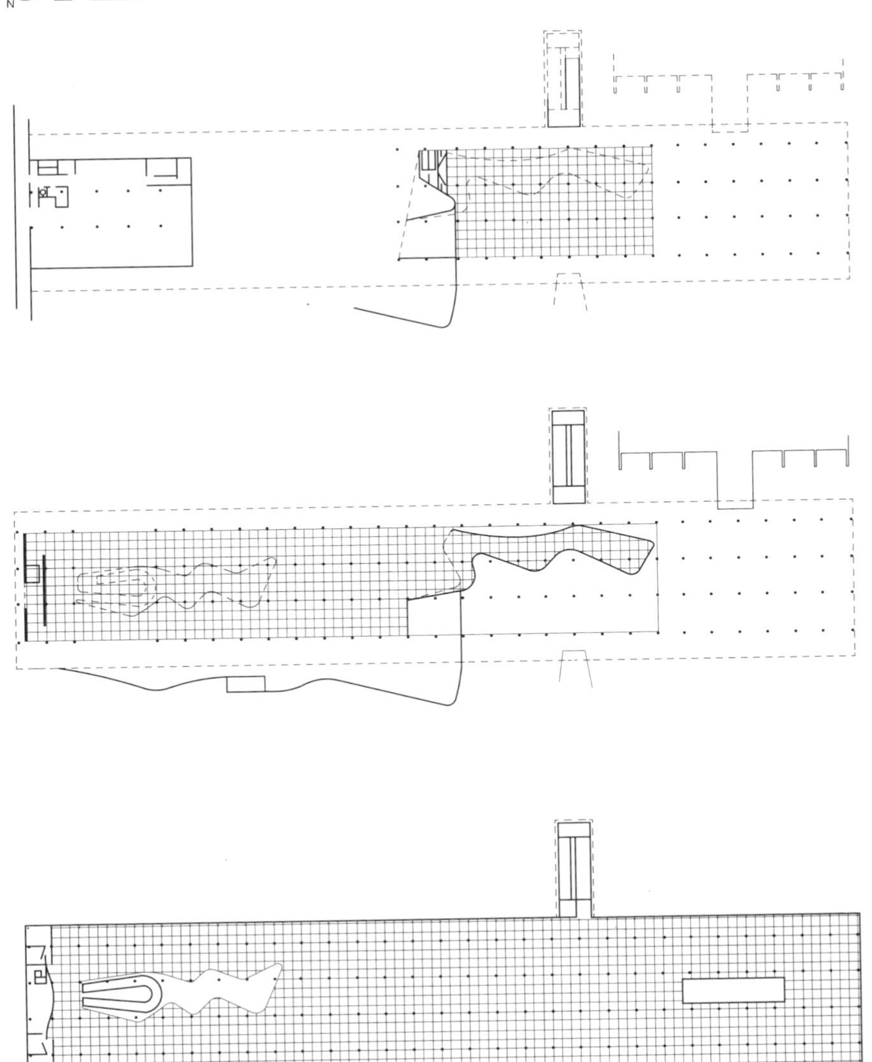

双年展馆平面

国家馆，现巴西非裔博物馆

巴西文化馆

展览宫

展览宫室内

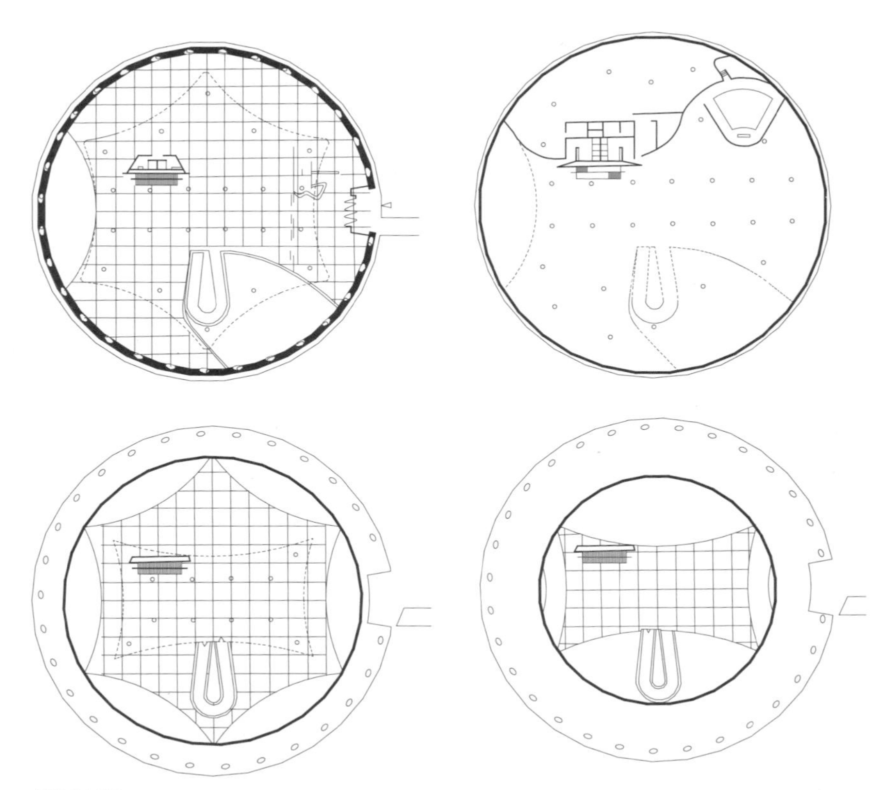

展览宫平面

大报告厅

此外，布雷·马克思设计的景观也值得一提，尽管这个公园的景观没有按照他的原始设计实施。他所设计的景观图纸犹如一张抽象绘画，本身就是一件杰出的艺术品。

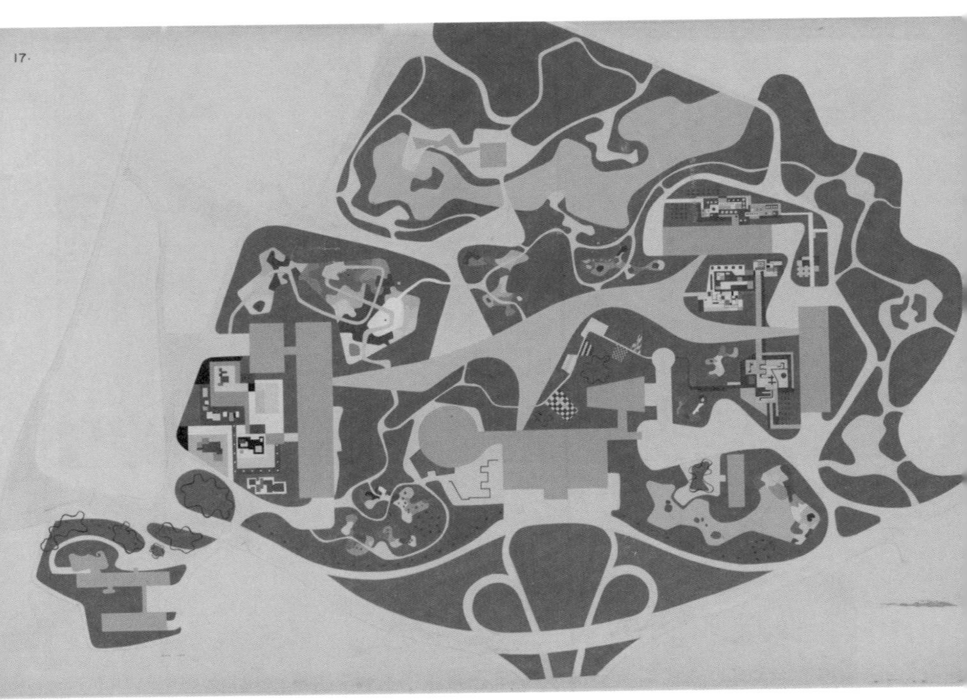

罗伯托·布雷·马克思的景观设计图纸

S4
圣保罗学派、阿蒂加斯和圣保罗大学建筑系馆

圣保罗大学建筑与城市规划学院系馆

在过去50多年，圣保罗建筑师发展出一种独特的混凝土现代主义建筑，也被称为圣保罗粗野主义建筑，其建筑一方面极具纪念性，从外部看坚固如堡垒，与周边城市环境断然隔离，但另一方面，建筑内部慷慨而有趣的公共空间却欢迎公众的参与。这批圣保罗建筑师也被称为圣保罗学派，也就是保利斯塔学派。

20世纪初始，作为巴西最主要的经济城市，圣保罗积累了大量的财富，为城市和艺术发展奠定了基础。巴西关于现代主义建筑最早的讨论就产生于20年代的圣保罗艺术周，早期的现代主义建筑实践也产生于圣保罗，巴西大多数工程人才也毕业于圣保罗的工程学院，但30年代，世界咖啡产业的崩盘导致巴西国家经济和文化重心再次回到里约。随着科斯塔和尼迈耶等大量杰出的里约建筑师

登上了巴西建筑舞台，其后相当长的时间里，即使是圣保罗的大型公共建筑和商业建筑也都被委托给了里约学派建筑师。随着第二次世界大战的结束，冷战来临，整个世界包括巴西发生了巨大的变化，政治意识形态的问题成为社会的主要矛盾。里约学派中精致的建筑细节和自由曲线形式，在这个时期都成为被批判的对象，尼迈耶也承认，自己的项目缺少适当的关怀去揭示巴西社会中大多数个体的生存状态和情感，忽视了社会经济和其他现实的具体需求，他希望寻找到新的建筑语言。

以若昂·巴蒂斯塔·比拉诺瓦·阿蒂加斯为首的圣保罗建筑师为巴西找到了一条新的道路，将建筑美学与社会伦理结合起来，追求建筑中的集体纪念性，而不是国家纪念性。其具体的建筑设计策略，可以被简单地归纳为三点：慷慨的内部公共空间、封闭的外壳作为建筑结构，以及暴露混凝土材料。对于他们，城市成为新的战场，被设想为一个争取民主的空间，在这里人们可以相遇和会面，城市空间应该属于每一个人，并被每一个人所使用和管理，在这个意义上，最大化建筑中的公共空间，也就是集体空间，就意味着使私有产权最小化。与造型精巧迷人的里约建筑不同，圣保罗学派建筑拥有一个封闭坚实的外壳，也是建筑的外框架或者结构，这样的结构体系给予内部空间更多自由的空间。关于最后一个特征暴露混凝土的使用，在 1951 年第一届圣保罗双年展中，柯布西耶和皮埃尔·奈尔维作品中所展示的暴露混凝土技术激发了巴西建筑师对这种新材料美学的追求。同时，战后英国史密森夫妇所倡导的粗野主义——关注与美学和社会伦理的结合，与圣保罗建筑师的思考和诉求完全吻合。

阿蒂加斯于 1937 年毕业于圣保罗理工大学，并于 1948 年加入圣保罗大学建筑与城市设计系。20 世纪 50 年代“左倾”的政治取向使他抛弃了早年对他有重要影响的赖特，继而不久他又批判了柯布西耶。1953 年，参观苏联后，他十分失望所看到的那些“旧时尚和丑陋的东西”，因此决定致力于寻找属于巴西建筑自己的道路，在社会和美学之间建立一种平衡。经过艰苦的探索，阿蒂加斯从意识形态出发，构建了一个模糊但自洽的理论基础，通过在圣保罗大学的教育改革打造了一个具有凝聚力的团体，借鉴源自里约学派和国际粗野主义的形式语言，加上本地强大的技术支撑，应用到了建筑、综合体、都市空间等实践中，最终汇聚为一个独立的建筑学派——圣保罗学派。

圣保罗学派最具代表性的作品是圣保罗大学建筑与城市学院系馆（Faculdade de Arquitetura e Urbanismo，FAU-USP，1966—1969）。在这个项目中，身兼建筑师和工程师两职的阿蒂加斯，不仅赋予了建筑简洁有力的外部形态和内部连续开放的建筑空间，同时将结构组件的形式和功能完美结合。从外部看，14 根细长的、渐缩的锥形柱将一个巨大的混凝土盒子支撑起来，而底层空间完全向周围环境开放。在建筑的室内有一个巨大的中庭，围绕中庭布置着办公、餐饮、展览、学生工作室，以及坡道系统。建筑屋顶是混凝土网格采光，为下面的开放学生工作室提供照明。整个建筑除图书馆和教师办公空间是封闭的外，其他空间全部与外界连通。

这个建筑的中庭既是整栋建筑的中心，也是阿蒂加斯长期关注政治和社会现实的一份建筑宣言。阿蒂加斯写道："我想这是一个能容纳所有活动的地方，它是民主的空间体现，如一个殿堂一样，其中所有的活动都是合法的。"这样的空间张力正是建筑师在设计中埋下的伏笔，民众可以聚集和反抗的空间。这个中庭一度成为学生反对军政府独裁，寻求民主的集会场地，被认为是巴西民主象征之一。

FAU-USP 角部

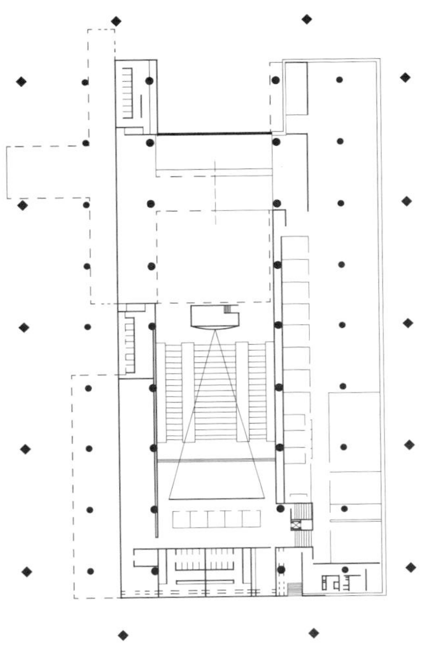

FAU-USP 地下一层平面

FAU-USP 一层平面

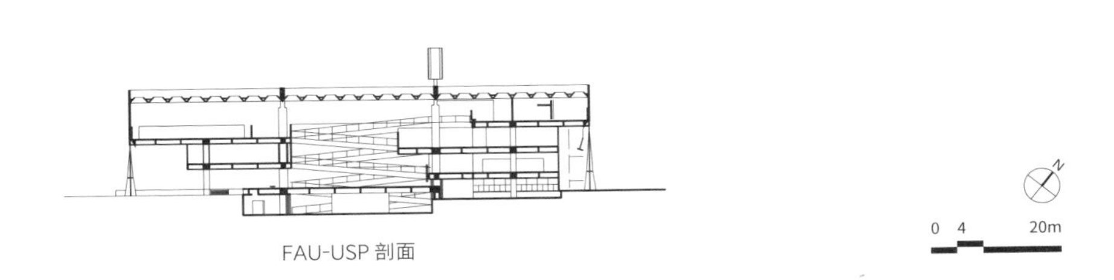

FAU-USP 剖面

FAU-USP 学生开放工作室

参观这个建筑，除了在图片上经常看到的经典角度，还需要在周边环境中观察这个建筑，获得更多的体验。顺着背后的土坡走下去，是一条重要的校园道路，站在道路上仰看整个建筑，建筑具有一种古典希腊神庙的尺度和比例，而建筑师本人也曾以神庙来比喻这个建筑，认为这是一个人民的神庙。仔细观察柱子的位置，会发现这些柱子并没有在角部支撑，而是十分类似密斯柏林新国家美术馆的处理方式，然而两个建筑给人的感受却是截然不同。

作为圣保罗学派最经典的作品，圣保罗大学建筑与城市学院系馆在巴西现代主义建筑历史的地位极其重要：一方面是因为建筑中全面展现了圣保罗学派的建筑特征；另一方面，在这个建筑中，建筑师将众多建构的和非建构的要素协调地组织在一起，将建筑与社会、城市日常生活结合起来。

中庭内反抗军政府的集会

S5
伟大的丽娜

丽娜自宅

用伟大形容一个建筑师在大部分时候是不合适的，但是对于丽娜·博·巴尔迪这样一位女建筑师，也许只能以这个词来概括。我们也许无法描述什么样的建筑才是优秀建筑，但优秀的建筑一定具有一种特征：就是直击人心的力量，不需要任何语言和原因，站在作品前就会被打动。丽娜所有的作品都有此能力。此外，她的思想永远比同时代的建筑师（甚至今天的建筑师）更具有前瞻性和预见性。今日建筑界对她的评价是“20 世纪最被低估的建筑师”。

丽娜出生于意大利，二战前曾在意大利建筑师吉奥·庞蒂处工作，也曾在吉奥·庞蒂和赛维的建筑杂志社工作。1946 年，丽娜和她艺术品批评家兼经纪人的丈夫到巴西参加艺术品展销会，期间她丈夫认识了巴西的一位媒体大亨，并接受他提供的职务，最终这对夫妇定居在巴西。丽娜与丈夫共同创立了颇具影响力的杂志 *Habitat*，并发展了将流行艺术与美术相结合的创新设计理念。丽娜在巴西早期的实践，偏重博物馆的室内布展，因此她在平面设计和家具设计方面的造诣很深，这也直接影响到了她后期的博物馆设计。此外，与其他巴西著名的现代主义建筑师不同，丽娜始终坚持巴西自身文化的重要性，而许多巴西精英对本土文化不屑一顾，竭力向欧美世界看齐。对丽娜而言，巴西的心脏不是南部大都市，而是她钟情的巴伊亚州。20 世纪 60 年代初期，她住在巴伊亚首府萨尔瓦多时，设计了两个博物馆，其中之一是流行艺术博物馆，里面主要展览本地艺术品，其陈列方式与传统博物馆中的等级陈列方式截然相反。然而 1964 年，巴西军政府上台后立即关闭了流行艺术博物馆。许多左翼艺术家和建筑师被放逐，但丽娜留了下来。在军政府统治期间，她没有接到任何项目，因此致力于策展和戏剧项目。80 年代初期，随着政治气氛的缓和，丽娜完成了巴西近期最杰出的建筑之一——SESC 庞培亚中心。

尽管她的建筑项目充满了惊喜和震撼，但丽娜给未来建筑师留下的最大遗产是：她建立了一种鼓励合作、参与和社会融合的建筑体系。她没有办公室，白天在建筑工地上与工人一起工作，晚上在家中绘制草图。她倾听使用者的意见，完善已经建成多年的建筑设计。这种介入和参与式设计对于当代拉美建筑启发深远，在拉美诸多优秀的年轻建筑师的作品中都可以看到这些设计策略。而丽娜在 20 年前透彻地理解了巴西建筑所面临的现实，并砥砺前行。

在今天的圣保罗西南郊外的一个中产精英社区内，有一栋透明的玻璃盒子建筑架空在茂密的热带植物中，这是丽娜自宅（Casa de Vidro，1951），也是她建成的第一栋建筑。这个由三个长方体组成的建筑坐落在基地中间。面对车行道的住宅公共部分被放置于前排，被纤细的金属柱子架空在斜坡之上，这个长方形体量中间切出了一个内院，阳光可以透过内院照射到建筑下方；建筑地面层有一个金属楼梯，沿着楼梯上去可以进入二层的起居室。二层起居室由玻璃和金属窗框围合，可以毫无阻挡地看到基地周边的景色。紧靠公共空间的第二个长方体布置了住宅私密空间，第三个长方体则布置了厨房等服务设施，二者之间有一个开放的大平台，将服务空间与私密空间隔开。现在这栋建筑是丽娜研究中心，收藏着所有与丽娜相关文献和资料，内部空间基本保持了当年丽娜居住时的状态，从室内的家具和装饰的细节可以体会出女性建筑师对空间和生活特有的敏感性。

自宅建成后丽娜在楼梯之上

丽娜自宅底层入口

丽娜自宅模型

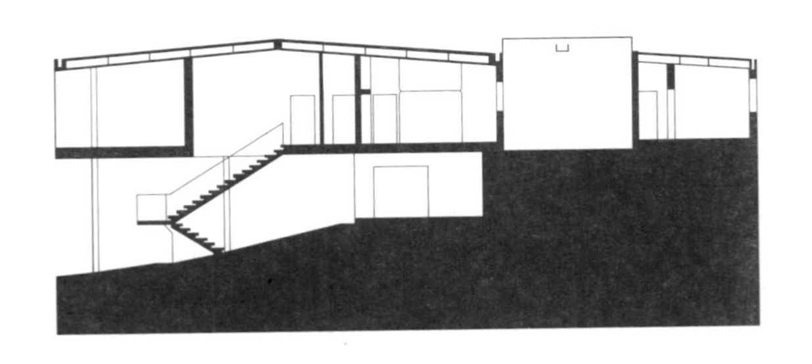

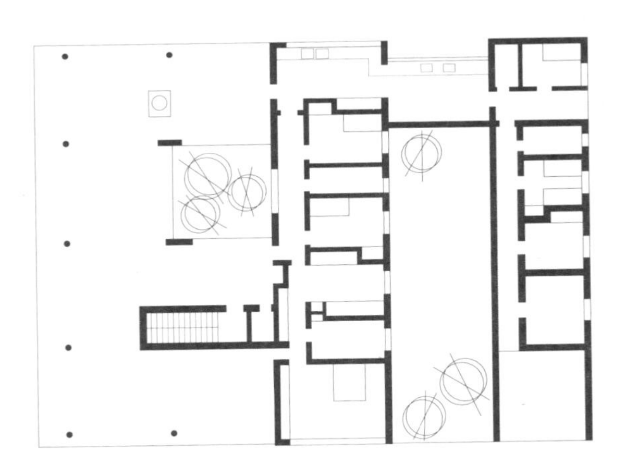

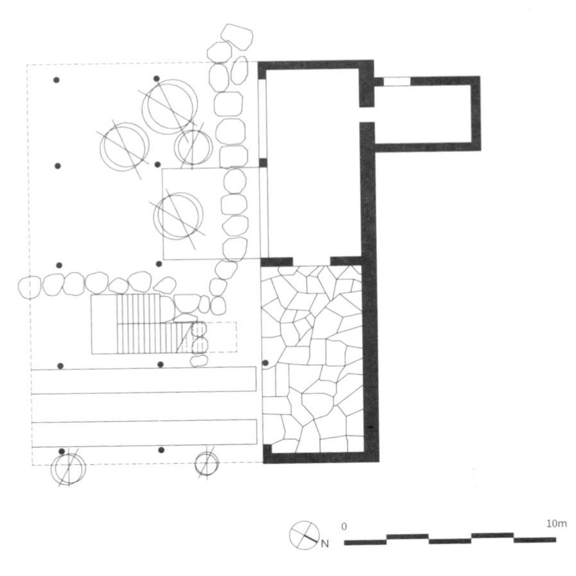

丽娜自宅平面和剖面

丽娜自宅室内

丽娜自宅室内

丽娜最初的方案严格遵循方格网布局，后根据功能和环境不断调整，形成了理性格网和自由空间混合的设计方案。从这种转变中，可以看到丽娜的设计受到很多不同建筑思想的影响：住宅前面的金属细柱明显是受到柯布西耶的影响；全玻璃和透明的体量，纤细精致的金属窗构件则是受到密斯的影响；入口处二层的方院，以及植物与建筑之间关系的处理则是受巴西乡村建筑建筑的影响。除此之外，丽娜与其他巴西建筑师最大的区别之一是对于色彩的大胆使用：柱子和金属楼梯构件被涂成浅绿和浅蓝的色彩，既可以消隐在繁密的植物背景中，又可以与白色的建筑背景形成对比，强化建筑水平性和漂浮感。

住宅的基地约 1.73 英亩（7001 平方米），位于一个小山顶部的建筑只占据了很小一部分土地，因此景观对于这个住宅很重要。丽娜在建筑周边的景观里大量使用本地粗糙的石材和植物，并以鲜艳的马赛克碎瓷片点缀铺地和石头挡土墙，营造了一种热情跳跃的氛围。庭院中还分布有很多她设计的装置和雕塑作品。

丽娜自宅后院景观

丽娜自宅大门

位于圣保罗最繁华的保利斯塔大街上的圣保罗艺术博物馆（MASP, 1957—1968）是丽娜的第一个大型公共建筑项目。圣保罗的一位报业大亨一直在筹建圣保罗艺术博物馆，1946 年，丽娜的丈夫受聘成为圣保罗艺术博物馆的负责人。1957 年，丽娜得到了这个项目的委托，在此之前她已经为很多次展览提供了室内设计，设计了许多概念性的方案。

基地位于一个山坡之上，紧邻保利斯塔大街，对面是一个公园。圣保罗市政府捐助了项目的土地，但要求地面层必须是开放的公共空间，并且不能阻碍公园的视线。基地下部有一条城市快速路的隧道，苛刻的现实条件要求建筑师不能以常规方法设计这个博物馆。建筑地面层是硬质的公共广场，上面矗立着四个红色混凝土结构筒，展览建筑被这四根柱子组成的倒 U 形混凝土结构框架悬挂在空中。这样无论是面向圣保罗大街的一侧，还是面向公园的一侧都拥有绝佳的视线和景色。建筑位于街道标高以下的地下层是报告厅、办公室、图书馆和其他辅助设施。这样的设计不仅将地面层留给了公众，同时也形成了室内无柱的展览空间。丽娜一直在探索一种艺术品展示方式：在没有视线障碍的大空间中，将艺术品悬挂在自由布置的玻璃板上，所有的作品就像漂浮在一个巨大的空间中，创造出多层次的视觉体验。这个想法终于在这个项目中得以实现。

圣保罗艺术博物馆

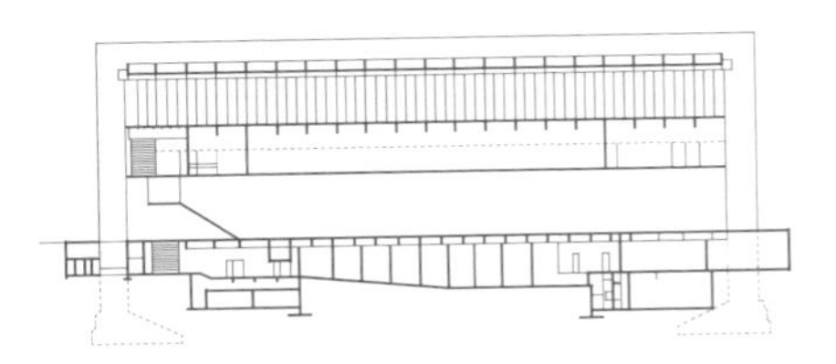

圣保罗艺术博物馆剖面

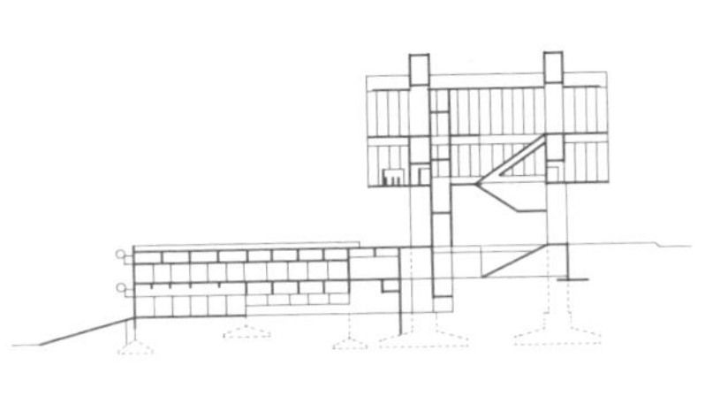

圣保罗艺术博物馆剖面

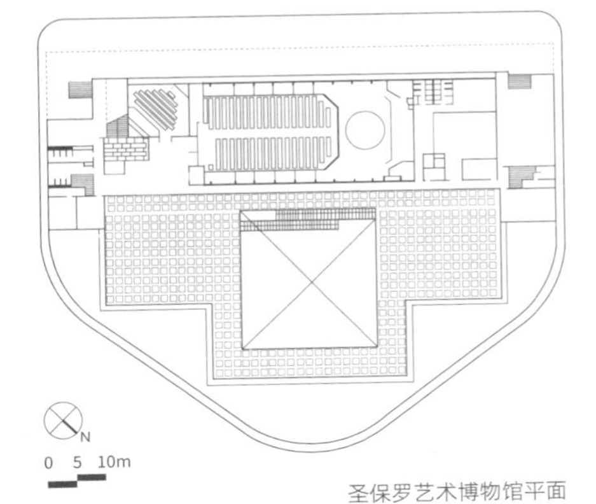

圣保罗艺术博物馆平面

圣保罗艺术博物馆下广场

圣保罗艺术博物馆与周边城市环境

丽娜设计的特殊展陈方式

从保利斯塔大街对面看圣保罗艺术博物馆

在这个建筑中，设计师通过一个简单的大跨悬挂结构，解决了建筑所面临的城市基础设施、开放空间、自然环境和展览需求等一系列问题。更为重要的是，丽娜在这个建筑中希望将她的社会理想付诸实践，将巴西早期现代主义建筑中的国家纪念性转化为集体纪念性，城市公共空间不仅仅只是一个空间，更是大众表达政治诉求和参与的场所。这一点将在丽娜后期设计的 SESC 庞培亚中心中有更为突出的体现。

关于广场的草图，屋顶的涂鸦有自由民主字符

在圣保罗老城一节中介绍过达·洛查的5月24日街SESC中心，SESC庞培亚中心是这家社会服务商会在圣保罗的另一个项目。项目改建自圣保罗市中心一座废弃的油桶工厂，功能包括各类文化设施、运动设施、图书馆、幼儿寄托服务和培训服务。在设计中，丽娜没有拆除原有的厂房，与当时正统的建筑师想法不同，她意识到了这个国家从20世纪30年代以来已经建造太多的建筑了，现在需要的是改善，而不是简单的拆除，现代主义彻底消除传统的做法应该被反思。在1979年的一个讲座上，她将此定义为“工业考古学”，一种如何思考现有建筑并加以利用的设计方法。

SESC庞培亚中心

最终设计方案保留了所有的现存厂房，重新加固了旧砖墙和金属屋架，最大化使用和保留原有材料和结构，并使用不同的材料和颜色来标识其不同的功能；新建部分被集中布置在基地一个角落上，但这块基地的地下有一个地质裂痕，因此新建筑被设计成大小两个混凝土塔楼，跨过地质裂缝，大的塔楼里竖向布置各种体育场馆，小的塔楼里是办公空间和竖向交通核，两个塔楼之间通过混凝土步行桥连接，每层步行桥的形式都各不相同，在两个塔楼旁边矗立着一个圆柱形水塔，类似早期工厂里的烟囱。新的混凝土建筑形体简洁有力，粗犷外露的混凝土肌理，两个塔楼之间巨大的折线桥投下的阴影，让人感到一种沉重的工业感，而大塔楼立面上不规则开窗形式，以及鲜红色的窗子，为建筑增添了一种超现实绘画艺术的戏剧性和荒谬感，驱散了“工厂”的冰冷沉重。改造的老建筑部分中布置有剧院和各种工作室，丽娜完成了家具和室内设计，其中材料、构造和工艺细节都十分耐人寻味，很多都像是即兴而为。

厂房改造的剧场

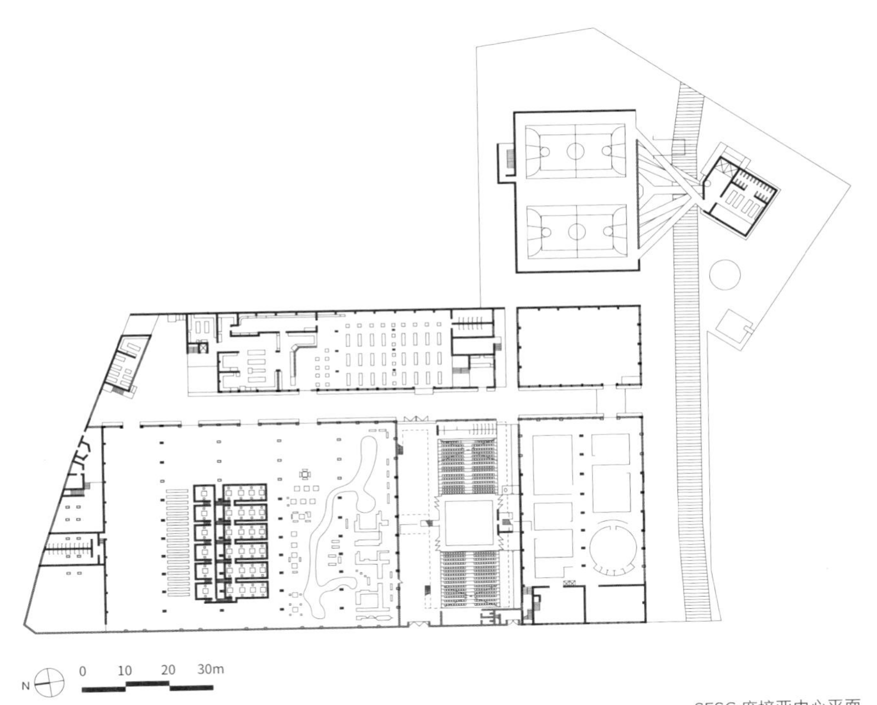

SESC 庞培亚中心平面

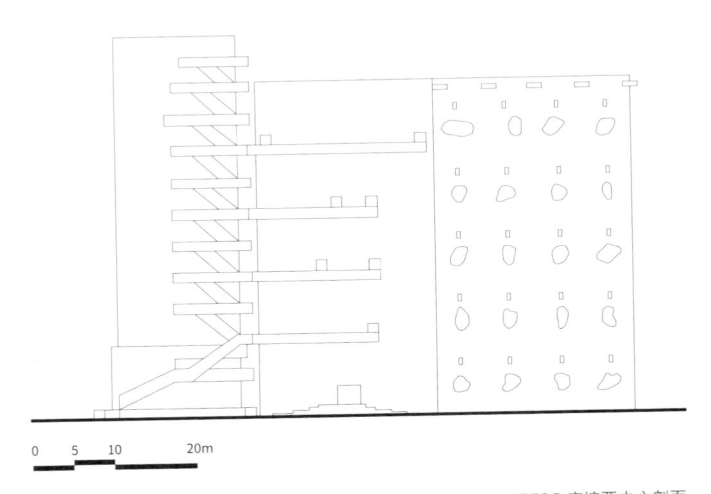

SESC 庞培亚中心剖面

SESC 庞培亚中心连桥

在施工期间，丽娜发现大部分工人都是没有建造经验的城市新移民，因此她不得不亲自在工地上，并设定了一套严格但又不那么精确的程序来解决这一问题：既然缺乏熟练技术工人，那么所有的建造细节都在工地上讨论决定，并用彩色铅笔和马克笔将结果画在 A4 大小的纸张上，以备修改和查阅。这是巴西，或者拉美，在建造时所面临的现实状况，在经济稳定的时候，充足的资金会掩盖这样的问题，但在经济萧条的年代，不考虑建造工人的水平和实际工艺问题，再好的设计也无法得到一个好的建成效果。在拉美过去十几年中，很多大型建筑的建成效果已经证明了这一点，而丽娜早早就发现并尝试解决这一问题。

20 世纪 80 年代到 90 年代，不仅是拉美政治、经济、社会和文化痛苦的转型期，而且建筑界中后现代主义盛行，SESC 庞培亚中心是这个时期拉美少数可以被称为杰作的建筑之一。

SESC 庞培亚中心水塔

从地面向上看连桥

混凝土肌理

不规则窗内部窗格

S6
诗意的混凝土

达 · 洛查自宅

保罗 · 门德斯 · 达 · 洛查是巴西国际影响力最大的建筑师之一，圣保罗学派建筑师，于 2000 年获密斯奖，2006 年获普利兹克奖，2016 年获威尼斯双年展终身成就金狮奖。他于 1954 年毕业于巴西麦肯锡教会大学建筑学院，开始从业并任圣保罗大学建筑学院的教授，期间因军政府政治问题，他被辞退了十多年，80 年代后返回学校，一直工作到 1998 年退休。

在达·洛查的建筑作品中，可以看到两组分属不同范畴的关键词。一组是城市、公共空间、自然景观，和圣保罗学派其他建筑师一样，达·洛查对于建筑的公共性以及社会属性极为关注，甚至对他而言，真正的私密空间只存在于人的思想中，而自然景观则是他力图将巴西现代建筑带出现代主义建筑教条的影响，营造具有场所感的切入点；另一组是暴露混凝土、结构、光线。廉价而可以高效建造的暴露混凝土是达·洛查作品的一个形式特征，但这样的材料会以非常精巧的结构出现，这一点是他和其他圣保罗学派建筑师的不同之处。达·洛查的混凝土结构总是显得薄而轻，很多时候混凝土梁薄到仅仅可以包住内部的钢筋，在光线的作用下，这些深色的混凝土会变得透明流动。这两组关键词交织在一起，在他的每一个项目中得到不同程度的体现，赋予这些建筑一种只有巴西才具有的特殊诗意。

1958 年，达·洛查设计了 2000 座的圣保罗人体育馆（Paulistano Gymnasium）。他的方案将运动场部分下沉，而抬高周边看台部分，以获得最大的室内外联系。屋顶是 34 米直径的平坦水泥环，被固定在六个三角形柱子上的拉索悬挂的半透明板所覆盖。柱子的造型完美地将受力导向了建筑基础，稳定了屋顶，以最小面积接触地面，并将所有重力作用戏剧化地表达出来。这个体育馆现在是一家私人俱乐部，不对外开放。

在圣保罗大学正门外不远的一个中产社区中，达·洛查为自己和姐姐设计了两栋几乎一样的住宅——达·洛查自宅（Casa no Butantã，1964—1966）。因为两个住宅形体接近，所以也被称作“孪生住宅”，其中达·洛查的住宅位于街角上。与这个中产社区其他住宅不同，住宅基地没有用高墙围合，而是采用底层架空将住宅的地面层完全开放，将家庭私密空间放在二层。达·洛查在这个建筑中创造出一种对社区和城市友好界面的同时，又兼顾家庭生活的私密性。

在基地临街两边，两道高约 1.5 米的挡土墙上面密植植物，地面层有两组排列为正方形的柱子将住宅盒子举起，二层是两个体量一样的方形体块，居住者需要从室外楼梯进入二层室内空间。建筑二层平面被分为三个部分：向外部敞开的社交部分，家庭生活所在的私密部分，以及连接卧室的阳台。在私密部分，洗手间和壁橱不规则的房间呈线性排列位于建筑的核心，以便在卧室和客厅安置寄宿客人，出于同样的考虑，厨房和楼梯被放置在建筑外围。这个建筑的结构可以被拆解为：四个退后的架空柱、密肋楼面、一个沿建筑短向外挑的密肋屋顶和两个实体山墙面。建筑短向的两个立面分别朝向街道和后院完全开放，上部屋顶悬挑出的密肋梁起到遮阳的作用，外围植物也可以遮挡住大部分外部视线，以确保室内隐私；建筑长向立面是两个实山墙面和沿屋顶外缘下垂的混凝土护板。整个屋顶像一个悬空的混凝土外壳覆盖在二层建筑体量之上，这是典型的圣保罗学派做法。

自宅内部庭院和楼梯

自宅庭院入口

自宅二层入口

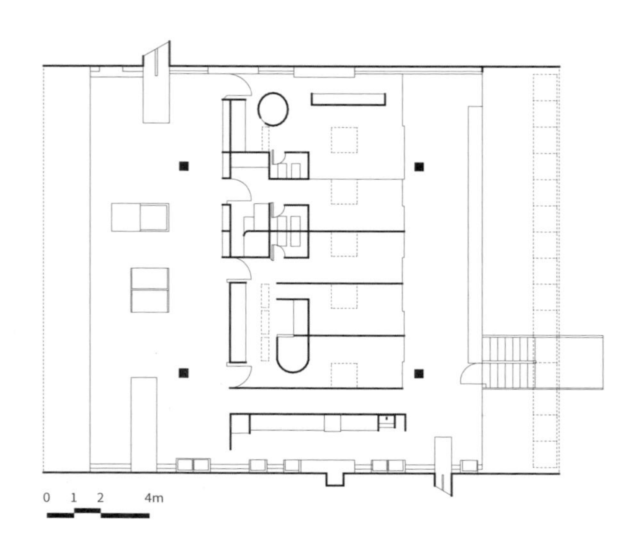

自宅二层平面

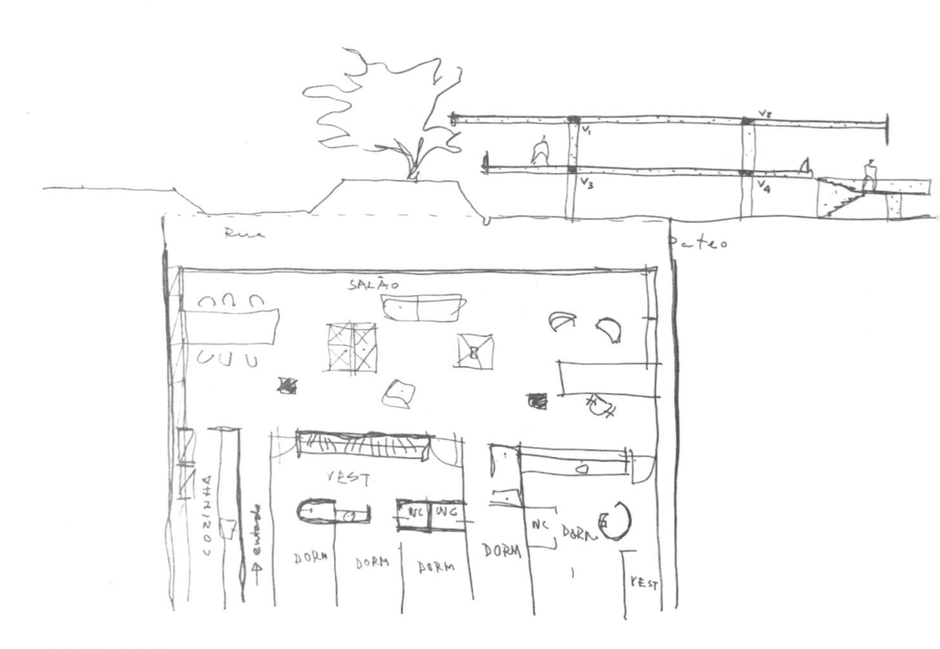

自宅剖面平面草图

自宅室内

距离圣保罗人体育馆三四个街区之外，还有一栋达·洛查设计的巴西雕塑博物馆（Museu Brasileiro da Escultura e Ecologia, MuBE, 1988—1995）。20世纪80年代，巴西军政府倒台后，达·洛查被解禁，这是他重新从业后的第一个重要作品。

巴西雕塑博物馆

巴西雕塑博物馆基地位于一个富裕的社区，面对商业项目的进入，起初遭到居民联合抵制，最终政府决定将这片土地捐出作为公共设施使用。经过居民委员会的商议，决定修建一座雕塑博物馆，但问题在于这里并没有可供展览的藏品。总共 5 名建筑师提交了设计方案，达 · 洛查一开始就质疑没有藏品的博物馆无法设计，直到最终这个项目建成后，他还是认为对于这个项目，最好的方案就是什么都不做。因此，最初他建议将基地改为一个开放的公共公园，在自然公园中布置一个巨大的遮阳装置，为居民提供有遮蔽的活动场所。在后来完成的建筑中，依然可以看到建筑师的这种坚持。在最终的设计中，达 · 洛查利用基地的坡度设计了台地造型，将博物馆展示空间放在地下，地面层变成一个开放的雕塑花园，并放置了一个巨大的混凝土板（长 61 米 × 宽 12 米，高 2.3 米）与道路垂直横跨整个基地，为花园提供遮蔽，但这个混凝土结构中没有添加任何功能空间。对于这个没有功能的巨型结构，达 · 洛查自己解释道，对于一个公共建筑，公众需要一些指引，如果博物馆完全埋在地下，没有任何指引，公众会感到困惑，这样的门形结构除了为公共空间提供遮蔽外，还具有一定的文化象征性。

博物馆内部展示空间像是一个藏在地下的巨大洞穴，地上是罗伯托·布雷·马克思设计的雕塑花园，门形的混凝土巨构如同一个巨型当代装置放置在花园中间。在天气好的时候，或者是周末，这个花园里会摆满二手艺术品摊位，居民在这里散步和休息。这个设计的特殊之处在于：达 · 洛查将通常只有在巨型公共建筑中才可以看到的圣保罗学派特征，赋予了一个小型建筑。达 · 洛查后来评价巴西雕塑博物馆是自己最好的建筑之一。

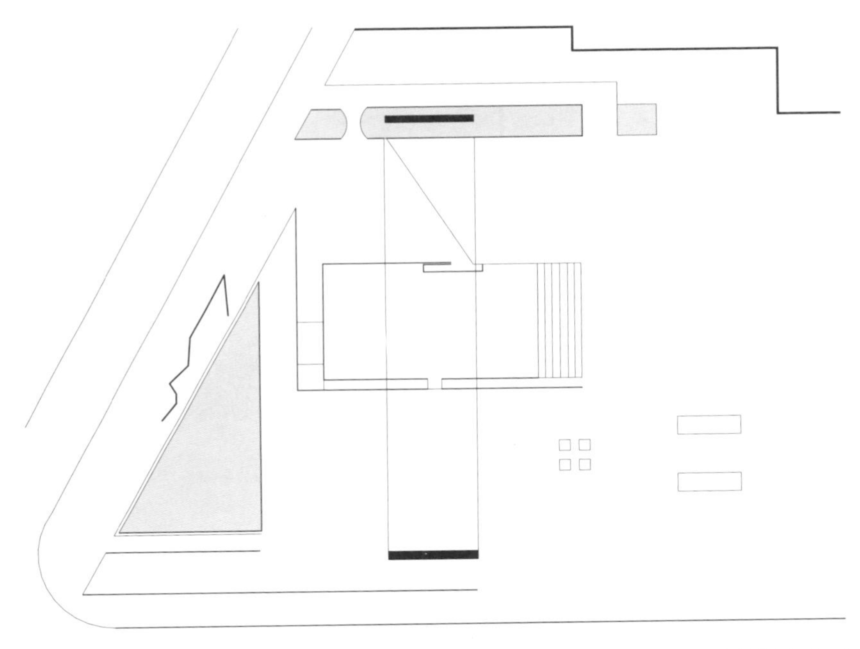

巴西雕塑博物馆平面

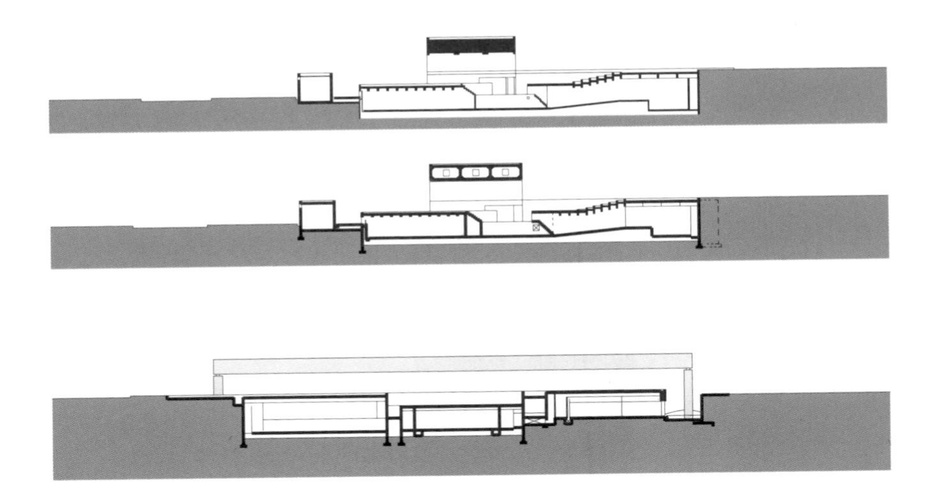

巴西雕塑博物馆剖面

鸟瞰巴西雕塑博物馆

水景

巴西雕塑博物馆内侧

梁下的广场

门形巨梁

广场上的市民日常生活

1993年，达·洛查接手圣保罗州立美术馆改造项目（Pinacoteca do Estado de São Paulo，1993—1998）。项目位于圣保罗老火车站附近，这片区域衰退得非常严重，已经成为城市中间的贫民窟，治安也非常混乱。政府意在通过这个再利用文化项目，与其对面的鲁斯火车站改造项目（Luz Railway Station）一起，形成城市核心区的一个公共文化中心。这个历史建筑位于老火车站对面，建造于1897年，原先是一个艺术手工艺学校。项目得到了圣保罗文化部的资助。这个改造项目与洛查其他作品相比，在材料、细节尺度，以及空间塑造方面都相差很大，唯一不变的是他对于光线的控制，一如既往地展示着建筑师高超和精妙的控制能力。

圣保罗州立美术馆

一开始，洛查和他的团队就认为这个建筑的目的不是创造出一种独特的建筑形象，而是寻求揭示原有建筑的历史价值。在老建筑中心的八角形内院这里原先计划修建一个拱顶，但一直没有完成。建筑师第一步是拆除内院中所有封闭元素，只留下墙体，并用一个由金属网架和夹心玻璃组成的平采光屋顶来覆盖建筑的全部内院。在避免雨水进入博物馆内部的同时，使得室内展览面积增大了三倍，同时自然光线为观赏艺术作品和建筑本身提供了更好的照明。这些天窗给建筑内部空间带来巨大的变化，产生了不可预见的效果。天窗下自由流动的空间使得建筑内部产生了新的轴线，建筑原入口位于交通繁杂的街道之上，而现在可以沿着长轴将入口布置在南向临近车站一侧，这样停车问题也比较容易解决。同时，为了将原有建筑内部迷宫一样的房间连通起来，洛查设计了一条穿过二层内部庭院的金属桥，以水平流线打破了原有建筑的垂直流线，为内部空间带来自由的流动性。而在底层原八角形内院中，洛查加入一个屋顶楼板，形成了一个150座的报告厅，在底层周边则布置了一般性服务设施，包括仓库、机房、办公、工作室和临时展厅等。建筑部分楼板被替换为金属板，与经过时间风化的砖砌墙面形成了对比。

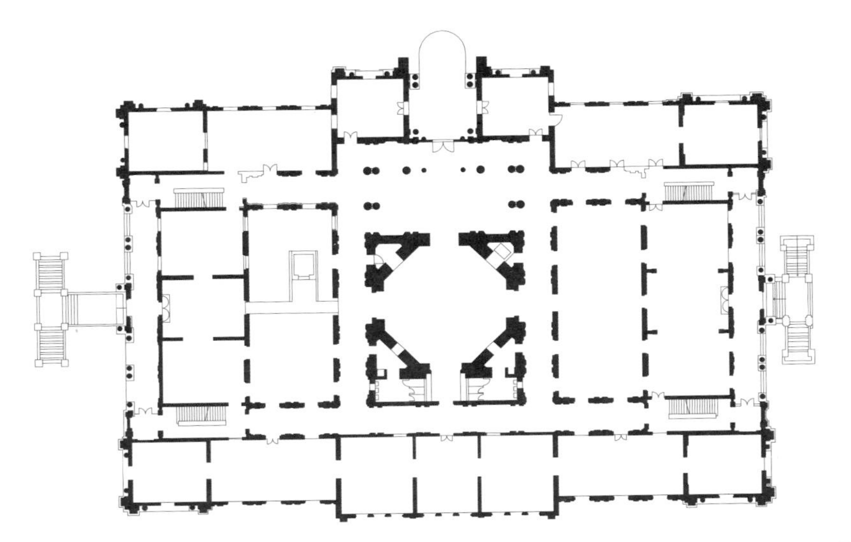

圣保罗州立美术馆一层平面

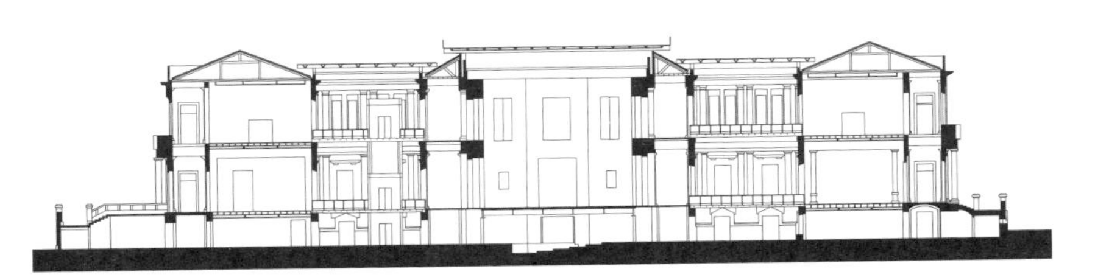

圣保罗州立美术馆剖面

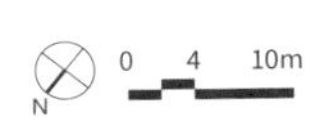

金属连桥

侧边中庭

旧建筑砖墙光影

顶层的螺旋楼梯

中庭

洛查的所有作品都体现了他对于理性技术（而不是技术本身）和材料的潜能（而不是产品）的追求，并以此作为他介入设计的原则。以这样的方式，调整后的建筑依然保持原先的建筑构成，而改造仅仅是改变了光的进入方式。洛查在这个建筑中没有采用过多的形式设计手法，而是像文物修复专家一样，用最简单的策略去让那些细微的、沉默的和渺小的建筑细节，在满足当代建筑需求的复杂性前提下，以一种合适的方式呈现。有评论对于这个建筑设计的评价是：以最大的智慧进行最低程度的干预和介入，一个由光线完成的改造设计。

S7
圣保罗的新建筑

新圣阿玛罗 V 公园社会住宅

新圣阿玛罗 V 公园社会住宅总图

圣保罗是一个国际大都会，也是拉美包括巴西的设计和时尚中心，在资本和消费主义的驱动下，各类新建筑层出不穷。这里选择三个比较有代表性议题的项目来介绍圣保罗当代建筑。第一个是贫民窟中的社会住宅项目，第二个是一个中产独栋住宅，最后一个是刚完成不久的博物馆。三个建筑涉及了圣保罗的三个重要社会议题：蔓延的贫民窟、中产社区的生活以及高密度城市下文化建筑与公共空间的新可能性。

为了解决贫民窟问题，拉美各国从 20 世纪 50 年代就开始兴建社会住宅，希望改变这一状况，圣保罗也不例外，因为在这个 2000 万人口的城市里，有超过 200 万人居住在市郊的贫民窟中（2012）。但圣保罗政府对待贫民窟的政策随着政党更替不断摇摆，拉美其他大城市也是如此，最终导致政府主导性的贫民窟改善项目大多不能达成最初的目的。

这里将介绍新圣阿玛罗 V 公园社会住宅（Novo Santo Amaro V Park Housing，Vigliecca & Associados，2012），由乌拉圭建筑师赫克托·维格利卡设计。 这个项目坐落在圣保罗市南部的瓜纳皮兰加水库（Guarapiranga dam）附近，距离市中心两个小时，这里是圣保罗城市饮用水的水源地，也是圣保罗最大的几个贫民窟之一，这里的环境恶化，水资源污染，毒品泛滥。建设项目的目的是建立清晰的城市结构和开放空间，并与公共交通系统相联系，成为这片贫民窟中的一个催化点和示范样本。

建筑师沿着基地内一条原始河道设计了一个绿地公园，社会住宅建筑围绕着公园和绿地边缘展开，形成内向的围合感，公共空间用来促进居民交流，并确保社区的安全。这个住宅建筑的高度随地形变化，从 3 层到 7 层不等，包括 6 种不同类型的两室或三室户型，面积从 50 到 70 平方米不等，娱乐和教育设施也被安置在这条线形建筑之中。建筑师赫克托·维格利卡称这个建筑是一个“城市基础设施”，通过为社区提供一系列设施，包括滑板公园、游乐场、水景、商业空间、社区中心和休闲区，带动周边地区的改变。在建筑完成后，200 个搬迁的家庭得到了回迁安置。

紧邻贫民窟的社会住宅

社会住宅内部庭院

从建成效果来看，这个贫民窟介入设计显然是一个进步，改变了原来基地中污水横流的环境，改善了混乱而劣质的自建房屋质量，甚至为这一地区建立了一个地标。但项目建成三年后，记者回访所得到的结果并不让人乐观，居民强烈要求在项目周边修建围墙，以便和周边社区隔离，开放性的公园和社区都使他们感到危险；建筑之间的公共空间被分隔开，中间的水池因为蚊虫滋生被封闭；商铺和其他公共设施因为昂贵的租金空置在那里。这一切基本宣告了这个项目的失败。

这样的情况并不是孤例，在拉美，有大量早期现代主义大师们所设计的社会住宅项目，从建筑角度来看都是杰作，但如今都已经衰退为城市贫民窟。无论是早期通过改变社会住宅的物质条件，还是今天流行的介入式设计，如果不考虑这些居民的日常生计和经济问题，都无法在现实层面上解决问题。也正是这样，才可以理解 2015 年普利兹克奖获得者智利建筑师亚历杭德罗 · 阿拉维纳的社会住宅策略，以及其里程碑意义。

20 世纪 90 年代初，为了纪念西班牙王国发现美洲大陆四百年，西班牙拟举办 1992 年的塞维利亚世界博览会。1991 年，巴西年轻的建筑师安杰洛 · 布奇和阿尔瓦罗 · 蓬托尼通过竞赛赢得了 1992 年塞维利亚世界博览会的巴西馆项目，这一项目被认为是标志着后现代主义在巴西统治地位的结束。今天这两位建筑师已经是巴西建筑界的中坚人物。

塞维利亚世界博览会巴西馆方案模型

从巴西雕塑博物馆向西走几个街区，在一个中产社区中，有一栋周末住宅（Weekend House in Downtown São Paulo，SPBR Arquitetos，2013），由安杰洛·布奇设计。圣保罗城市距离海边一个小时的车程，周末时候，大量度假的人会导致交通拥堵，这栋住宅的业主是圣保罗大学的哲学老教授夫妇，他们希望在城市中有一所周末度假的房子。

这片街区对于层高有限制，位于在飞机航道之上，房子限高两层，周边住宅为了充分利用土地，基本都将房子盖到最高。这样的情况下，基地大部分面积都处于邻居的阴影之中。对于圣保罗人而言，度假别墅中不能缺少的是泳池和巨大的自然花园。如何在很小的基地里设计一个花园和一个阳光下的泳池是这个项目最大的挑战。建筑师从这点出发，颠覆了一般住宅设计的布局，地面层没有布置建筑，全部让给花园，二层布置公寓，三层是泳池和日光浴平台，也可以作为观景平台。游泳池和日光浴平台所在的两个长方形建筑体量平行布置，在两者之间的缝隙中有两个混凝土柱子支撑起一个跨度为 12 米的横梁，一边放置悬空的泳池，一边放置日光浴平台，下方悬挂着其他房间。整体类似一个天平，两个柱子两边分别悬挂泳池和房间，形成了一个巧妙的平衡结构。这栋住宅的优秀之处并不仅仅在于设计的巧妙和精致的细节，而且在于这栋建筑为圣保罗这样一个高密的城市提供了一种接近自然的居住可能性。

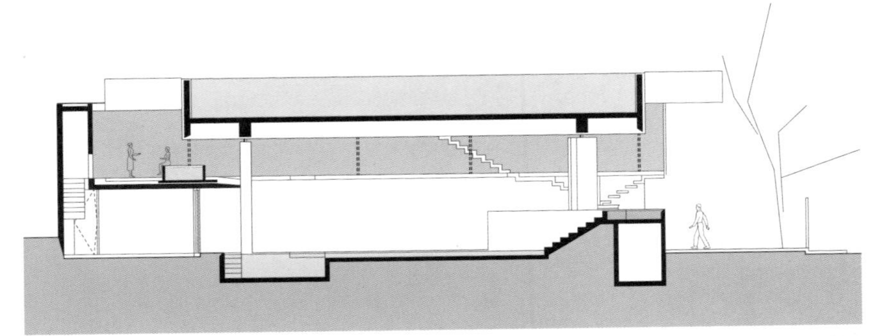

周末住宅长剖面

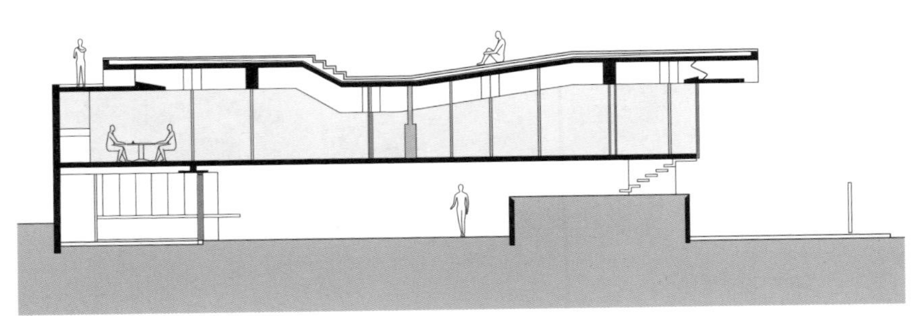

周末住宅长剖面

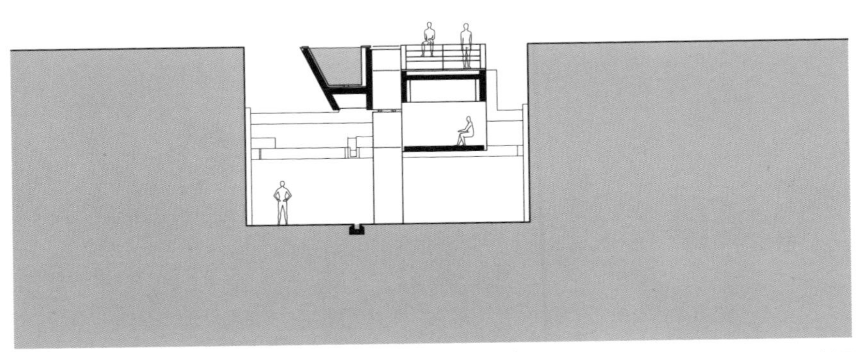

周末住宅短剖面

周末住宅

顶层

楼梯细节

悬挂的泳池

高层公共建筑最具代表性的作品是莫雷拉·萨勒斯学院博物馆（Instituto Moreira Salles，IMS，2018），由安德拉德·莫雷廷建筑事务所（Andrade Morettin Arquitetos Office）设计。

莫雷拉·萨勒斯学院博物馆

基地面积和规划法规的限制直接导致了该博物馆的体量。建筑包含两个长方形区域：其中略小的部分占据了平面的 1/4，作为服务区和竖向楼梯，从立体的角度来看，好似一座细长条高塔立于整栋建筑西北侧；另一个长方形区域占据了平面的 3/4，中间是自由的大空间，每层有着不同的功能和形状。博物馆接待大厅高 15 米，厅内包括售票处、书店、咖啡厅、会客室和休息厅。接待大厅楼下的地面层区域和主路人行道相通，参观者可以通过自动扶梯来到博物馆的接待大厅购票。该建筑仿佛一个高架广场，外观中暴露的大平台将整个建筑物横向切割成了两大块，形成了具有不同功能的区域。参观者可以从这里上楼去展厅，也可以下楼去多媒体中心（包括礼堂、教室和图书馆）。与圣保罗艺术博物馆不同的是，从莫雷拉·萨莱斯学院博物馆半透明玻璃罩外，无法完全透视其内部结构。通过建筑内外光线变化，博物馆内部结构隐约呈现出来，白天显得很含蓄，而夜间其色彩十分强烈。

这个高层建筑为圣保罗密集的高层建筑提供了一种新的设计范式，也预示着一种新型的城市公共空间。

博物馆模型

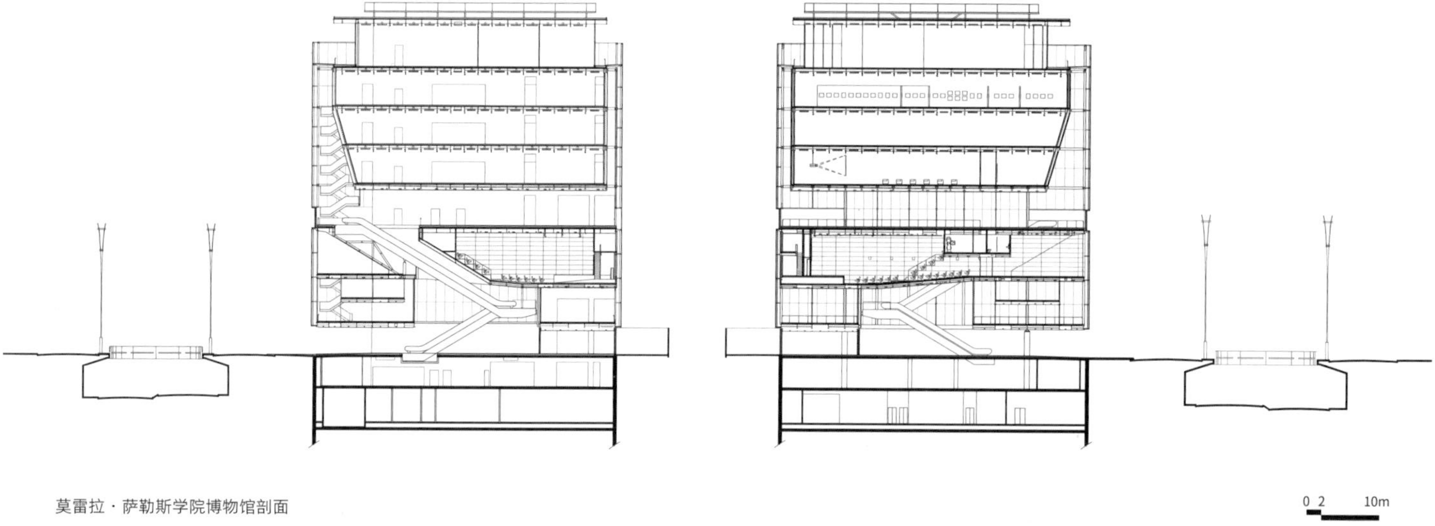

莫雷拉·萨勒斯学院博物馆剖面

圣保罗项目信息

重点介绍建筑

S01 科潘大厦（Edifício Copan，1951—1966）

建筑师：奥斯卡·尼迈耶（Oscar Niemeyer）
地址：Avenida Ipiranga, 200
República
São Paulo — SP
01046-925
Brazil

S02 圣保罗人体育馆（Paulistano Gymnasium，1958）

建筑师：保罗·门德斯·达·洛查（Paulo Mendes da Rocha）
地址：Rua Honduras, 1400
Jardim Paulista
São Paulo — SP
Brazil
注：私人会所不对外开放，只可看外观

S03 双年展馆（Pavilhão Ciccillo Matarazzo，1957）

建筑师：奥斯卡·尼迈耶（Oscar Niemeyer）
地址：Parque Ibirapuera
Pavilhão Ciccillo Matarazzo
São Paulo — SP
04094-000
Brazil

S04 国家馆（Pavilhão Manoel da Nóbrega，1959）

建筑师：奥斯卡·尼迈耶（Oscar Niemeyer）
地址：Avenida Pedro Álvares Cabral
Moema
São Paulo — SP
04094-050
Brazil

S05 巴西文化馆 (Pavilhão das Culturas Brasileiras，1959)

建筑师：奥斯卡·尼迈耶（Oscar Niemeyer）
地址：Avenida Pedro Álvares Cabral
Moema
São Paulo — SP
04094-050
Brazil

S06 展览宫（Palácio das Exposições，也被称为 Oca，1951）

建筑师：奥斯卡·尼迈耶（Oscar Niemeyer）
地址：Avenida Pedro Álvares Cabral, 3
Moema
São Paulo — SP
04094-050
Brazil

S07 圣保罗大学建筑与城市规划学院馆 (Faculdade de Arquitetura e Urbanismo, 1966—1969)

建筑师：若昂·巴蒂斯塔·比拉诺瓦·阿蒂加斯（João Batista Vilanova Artigas）
地址：Rua do Lago, 876
Butantã
São Paulo — SP
05508
Brazil

S08 丽娜自宅（Casa de Vidro，1951）

建筑师：丽娜·博·巴尔迪（Lina Bo Bardil）
地址：Rua Bandeirante Sampaio Soares, 420
Morumbi
São Paulo — SP
05688-050
Brazil

S09 圣保罗艺术博物馆 (MASP, 1957—1968)

建筑师：丽娜·博·巴尔迪（Lina Bo Bardil）
地址：Avenida Paulista, 1578
Bela Vista
São Paulo — SP
01310-200
Brazil

S10 洛查自宅（Casa no Butantã，1964—1966）

建筑师：保罗·门德斯·达·洛查（Paulo Mendes da Rocha）
地址：Rua Monte Caseros 167
Butantã
Sao Paulo — SP
05590-130
Brazil
注：私宅，无法参观

S11 SESC 庞培亚中心（SESC Pompeia）

建筑师：丽娜·博·巴尔迪（Lina Bo Bardil）
地址：Rua Clélia 93,
Perdizez，
São Paulo, SP, 05042-000，
Brazil

S12 巴西雕塑博物馆（Museu Brasileiro da Escultura e Ecologia，MuBE，1988—1995）

建筑师：保罗·门德斯·达·洛查（Paulo Mendes da Rocha）
地址：Avenida Europa, 218
Pinheiros
São Paulo — SP
01449-000
Brazil

S13 国父广场改造项目（Praça do Patriarca，1992—2002）

建筑师：保罗·门德斯·达·洛查（Paulo Mendes da Rocha）
地址：Rua Doutor Falcão Filho, 56
Sé
São Paulo — SP
01007-010
Brazil

S14 圣保罗州立美术馆改造项目（Pinacoteca do Estado de São Paulo，1993—1998）

建筑师：保罗·门德斯·达·洛查（Paulo Mendes da Rocha）
地址：Praça da Luz, 2
Bom Retiro
São Paulo — SP
01120
Brazil

S15 5 月 24 日街 SESC 中心（SESC 24 de Maio，2000—2017）

建筑师：保罗·门德斯·达·洛查（Paulo Mendes da Rocha）
地址：Rua Vinte e Quatro de Maio, 109
Centro
São Paulo — SP
01041-001
Brazil

S16 艺术广场项目（Praça das Artes，2009—2012）

建筑师：巴西建筑（Brasil Arquitetura）
地址：Avenida Joao, 281
República
São Paulo — SP
01035-000
Brazil

S17 周末住宅（Weekend House in Downtown São Paulo，SPBR Arquitetos，2013）

建筑师：安杰洛·布奇（Angelo Bucci）
地址：Rua Iraci, 252
Pinheiros
São Paulo — SP
01457-000
Brazil
注：私宅，需预约

S18 莫雷拉·萨勒斯学院博物馆（Instituto Moreira Salles，IMS，2018）

建筑师：安德拉德·莫雷廷建筑事务所 (Andrade Morettin Arquitetos office)
地址：Avenida Paulista, 2424
Bela Vista
São Paulo — SP
01310-100
Brazil

其他建筑

S19 圣保罗大教堂（Catedral da Sé，1913—1953）

建筑师：马克西米利安·埃米尔·赫尔（Maximilian Emil Hehl）
地址：Praça da Sé
Sé
São Paulo — SP
01001-000
Brazil

S20 圣保罗市大剧院（Teatro Municipal de São Paulo，1903—1911）

建筑师：克劳迪乌斯·罗西（Claudio Rossi）和多米齐亚诺·罗西（Domiziano Rossi）
地址：Praça Ramos de Azevedo
República
São Paulo — SP
01037-010
Brazil

S21 埃丝特大楼（Edifício Esther，1936—1938）

建筑师：阿尔瓦罗·维塔尔·巴西尔（Álvaro Vital Brazil）和阿德马尔·马里尼奥（Adhemar Marinho）
地址：Rua Basílio da Gama, 29
Praça da República
São Paulo — SP
01046-020
Brazil

S22 意大利大厦（Edifício Itália，1960—1965）

建筑师：弗朗茨·黑普（Franz Heep）
地址：Avenida Ipiranga, 344
República
São Paulo — SP
01046-010
Brazil

S23 新圣阿玛罗 V 公园社会住宅（Novo Santo Amaro V Park Housing，2012）

建筑师：赫克托·维格利卡（Hector Vigliecca）
注：不建议前往参观

S11
S07
S10
S17
S12
S08

S14
S01
S13
S15
S16
S19
S20
S21
S22
老城区
Old City
S09
尹比拉普埃拉公园
birapuera Park
S03/S04/S05/S06
圣保罗建筑分布图

共和广场公园
Praça da República
S21
S15
S22
S01

16
安汉格堡山谷
Vale da Anhangabaú
S13
国父广场
Praça do Patriarca
圣保罗建城纪念广场
Memorial dos Fundadores
da Cidade de São Paulo
中心广场
Praça da Sé
S19
圣保罗老城建筑分布图

巴西利亚 B

B1
政治、国家与神话

建城前的巴西利亚

谁也无法预料到，20 世纪中期，巴西利亚这样的城市会在巴西这样的国家中出现。大多数人当时对于巴西的印象是一个长期依赖外来文化的非工业化国家，一个因生产效率低、组织能力低、无计划性、无力为自己的城市提供最基本的基础设施而被诟病的国家。然而就是这样一个国家，在短短几年中，在遥远的巴西内陆高原上建起一座现代主义新城，站在世界现代建筑设计的最前沿。巴西利亚能够建成的真实原因是政治意志和民众自发热情相叠加的结果。

建设巴西利亚的构想并非是心血来潮，这样的想法从殖民时代就开始了。早期的巴西城市都是沿海而建，而占国土面积 90% 的内陆处于一种未开发状态，有识之士一开始就意识到弃置资源丰富的内陆的弊端。1808 年，葡萄牙王室为了躲避拿破仑军队的入侵而在里约热内卢落脚的时候，避难的君主就不满里约热内卢的气候和环境条件，而希望寻找一个更适宜的地方作为首都，出于战略考虑，内陆地区成为首选。1822 年，“巴西利亚”这个名字由一位巴西议员提出，但所选的位置并非现今的巴西利亚。此后，建设新首都的提议在政府和民间不断地酝酿，各种建议的计划被反复讨论。1889 年，巴西共和国成立后，建设新首都的具体条款被写进了 1891 年的宪法，并通过了一项议案，批准在共和国领土的中部高原勘测和划定用于新首都的用地。1892 年，政府派遣由 22 名专业人员组成的考察队赴巴西内陆调研和勘测，以寻找适合兴建新首都的地点。在这次考察的报告中，一片 160 公里 ×90 公里的地区被选定，作为新首都的用地。1922 年，在庆祝共和国独立日的时候，当时的巴西总统在这片选定区域中的一个小山头之上竖立了一块纪念碑。1934 年，强势的瓦加斯总统上台后，制定了新宪法，其中确定了“共和国首都将迁往巴西的中心地带”。然而在他 30 年的任期内，并没有任何实质性进展。1946 年，瓦加斯统治被推翻后，巴西政府开始实质性研究迁都的事情。1947 年，迁都委员会派出两支地理考察队分别进行首都的选址勘测。1953 年，瓦加斯再次当选总统，政府最终确定了新首都区域，这次选址囊括了以前几次勘测所划定的区域，总占地 5000 平方公里。其后，巴西政府聘用了国外顾问对这一片区域进行详细研究，以便确定具体的建城位置。经过委员会的反复讨论，最终的建城位置被确定下来，也就是 1922 年修建纪念碑的所在区域，位于平均海拔 1000 米的巴西中部戈亚斯州高原上，马拉尼尼翁河和维尔德河汇合处的三角地带。1954 年，瓦加斯总统自杀身亡，巴西政局陷入混乱，短短的一年里，换了三任总统。1955 年，库比契克以微弱优势当选巴西总统。1956 年，新总统为了兑现他的竞选许诺，正式启动在巴西内陆修建新首都的项目，以展示一个现代巴西国家和民族的形象，同时拉动巴西内陆经济发展。

从 1958 年开始到 1965 年，在一个荒芜的内陆高原上，在缺乏先进设备和技术的条件下，巴西举全国之力不可思议地建成了巴西利亚。科斯塔的规划、尼迈耶的建筑、若阿金·卡多佐的结构计算、布雷·马克思的景观设计以及巴西最优秀艺术家的雕塑和壁画，巴西利亚是在一个完美的工作团队领导下，将城市设计、建筑、景观、雕塑和绘画无缝结合起来的成果。1987 年，世界遗产委员会在评定语中写道：“1956 年，巴西利亚被确立为巴西的中心，这是城市设计史上的里程碑……从规划到建筑设计展现了一种和谐的城市设计思想，其政府和公共建筑表现出惊人的想象力。”巴西利亚是 20 世纪落成的城市中，唯一被联合国教科文组织授予世界文化遗产城市的。

B2
设计者与建造者

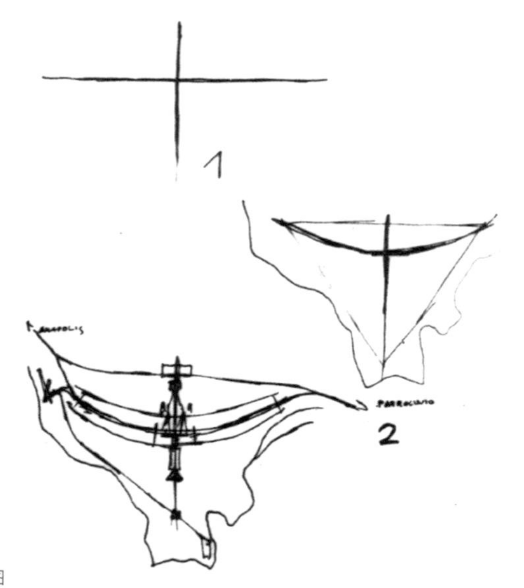

科斯塔的草图

就任后的库比契克总统找到他的老朋友尼迈耶，期望他来负责新首都的规划设计。尽管尼迈耶同意在巴西利亚设计部分建筑，但巴西建筑师协会坚持，这样重大的事情需要以竞赛的方式来选定城市规划方案。1956 年 9 月，巴西政府宣布巴西利亚的规划竞赛，所有在巴西注册的建筑师、工程师和城市规划师都可以参加。这个竞赛最大的挑战在于其要求非常模糊。竞赛不要求任何基地的地理和社会前期调研，仅仅要求一个初步方案。最后共有 26 组巴西建筑师提交了竞赛方案，汇聚了那一代巴西建筑师的精华思想。1957 年，评委会对所有方案进行评议后，选出 10 个方案进行深入讨论，最后从中选 5 个获奖方案。最终，科斯塔获得第一名，但这并不意味着其他方案乏善可陈，很多参选的方案中包含着一些杰出的城市规划理念。

在回忆录中，科斯塔宣称他最初无意参加这个竞赛，但就在截止日期前他的头脑中出现了一个想法，因此后面的一切都自然而然地发生了。

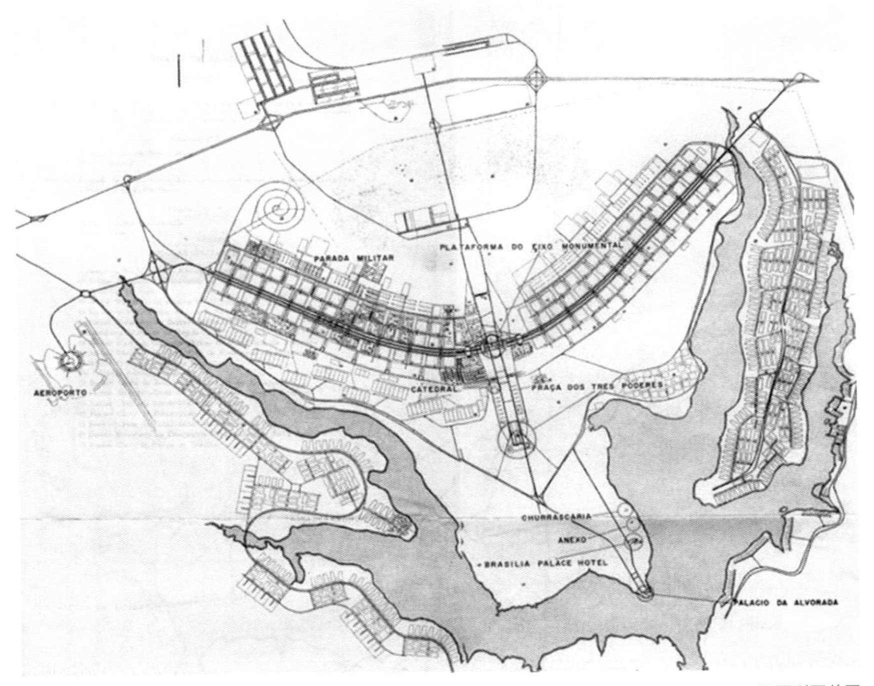

巴西利亚总图

科斯塔的方案提供了一个清晰的社会象征：变形了的十字架构图象征了发现巴西的殖民者对土地的主权以及这片大陆上新文明的开始。科斯塔认为新首都不是一个普通的城市，因此纪念性成为塑造国家和民族形象的重要手段。整个规划的逻辑和形式极为清晰简洁：十字形的一条轴线是纪念性轴线，政府各部门建筑和公共建筑沿这条轴线布置，轴线的一端是巴西这个国家的政治中心，也就是三权广场，另一端是军事管理区；另外一条轴线是居住轴，这条轴线的两翼则规划了居住区和社区服务设施，两条轴线交叉处是一个立体的交通枢纽和商业中心。

对于这个十字轴，科斯塔解释道：自己的规划建立在最古老的城市规划模式之上，埃及象形文字中有一个包含十字的圆，其含义被认为是城市，而古罗马和古印度城市形态中都含有十字形态。这样的模式可以产生一个视觉中心点，同时具有向四周扩展的可能性，将线性和开放性结合起来的一种模式。这样一个形式，除了功能上的实用性之外，还提供了解释和象征的多义性：巴西殖民的天主教传统、展翅飞翔的大鸟、现代的飞机等。

在规划说明中，科斯塔一直强调他的方案与巴西历史传统的关联。在具体的方案中，也可以看到多种外来的城市规划类型：方案中大片的绿色空间源于他对英国公共草坪的儿时印象，混合轴线的设计依然可以看出柯布西耶的影响以及巴黎改造轴线的意向，宽阔和无法穿越的快速道路则源自他刚刚结束的纽约之行所看到的高速公路。作为城市最基本的要素，传统的街道在巴西利亚被有意地回避了，这种居住、商业和服务为一体的通道，以及其所包含的城市匿名性全部被消除了，与街道一起消失的还有人行步道。因为在科斯塔的规划中，象征着未来的汽车将是巴西利亚的主要交通工具。

当参观者穿过千里的无人区和荒原，来到这个纯粹的、白色的现代主义城市，在荒蛮的自然和纪念性的人工城市间所产生的剧烈视觉刺激中，很难不被一种英雄主义气息所震撼。今天人们将巴西利亚的功劳归功于巴西总统、科斯塔、尼迈耶，还有其他巴西名人，而真正建造这样一个奇迹的是千千万万个没有名字留下来的“坎丹戈”（Candango，建造巴西利亚的工人的名称，可能源自非洲语言，指乡下粗野和贫困的居民），是这些人在荒无人烟的高原，使用最原始的人力，一砖一瓦地建造了这个城市。

和人类历史上其他的理想之城一样，巴西利亚是一个非常激进的带有社会和政治意图的实验：采用新的集体主义社会秩序来替代资本主义。对于巴西而言，也就是以完全的平均主义代替传统巴西等级分明的社会体系。在这里的住宅里，官员和看门人、劳动者成为邻居，公共空间和私人空间的划分被取消。然而，这种自上而下的良好意图在后来的发展中并没有实现，或者说政策制定者和规划者仅仅在象征层面上思考这个问题，而没有考虑巴西的现实。最后的结果是极具讽刺意味的，在巴西利亚纪念性和象征性城市区域与周边的贫民窟间，出现了一道道卫生隔离区，用来遮挡和隔离外部的穷人，这些人不久之前还在满怀期望地参与了这座未来之城的建设，而建成后的城市拒绝了他们。在巴西利亚建成不久，各种批评随之而来，巴西利亚的倡导者和设计者所期待的未来城市并没有到来。

然而，从建筑角度来看，巴西利亚是每一个建筑师的麦加之地，是在有生之年如果有能力，一定要去一趟的地方。亲自站在这个城市中，感受建筑的力量，也感受建筑的无能为力，思考建造这一人类行为的无限可能性，也思考建造本身的社会属性，理解自然的残酷，也理解城市的复杂，享受那片刻的英雄主义，也反思日常生活中的人性。

坎丹戈塑像

B3
尼迈耶之城

从电视塔上俯瞰巴西利亚纪念性轴线

世界上没有哪一座城市的建筑全由一位建筑师设计完成的，除了巴西利亚。在这个意义上，巴西利亚也可以被称为尼迈耶之城。在这座城市中，绝大部分的建筑由尼迈耶主持设计完成（当然是在其他大量的建筑师和工程师的辅助下）。尼迈耶在巴西利亚的作品主要集中在两个创作阶段：1958—1965 年的巴西利亚创作阶段和 1980 年返回巴西后的晚期创作阶段。在第一个时期，尼迈耶得到了珍贵的机会去精炼和完善其大尺度建筑词汇。通过使用简单、大胆的建筑语言，他在巴西利亚创造了壮观的公共建筑群，兼顾了建筑的纪念性和象征性两方面需求。被评论家称为尼迈耶的典雅国家主义创作阶段，就是以现代主义形式语言创造出一种典雅的和具有纪念性的建筑形象。尼迈耶在第二个时期的作品总体上延续了他的个人建筑语言，建筑的雕塑性和超现实主义意味更加强烈，但建筑质量或许无法与他第一个时期的创作相比。下文将主要介绍巴西利亚那些重要的行政建筑和地标性建筑，基本都是尼迈耶主持设计的。

和参观里约热内卢一样，参观巴西利亚最好的方式是选择巴西利亚电视塔（Torre de TV de Brasilia，1965—1967）作为第一站。这个建筑的方案由科斯塔设计，后期主要是尼迈耶负责深化完成，是巴西利亚最高的建筑物，高约200米。巴西利亚电视塔位于纪念性轴线的中间，没有任何视线遮挡，可以乘坐电梯上到塔腰，俯瞰巴西利亚全景，对于这个城市的地形、布局、结构以及规模有一个快速了解。

朝东南方向可以看到纪念性轴线的南段，尽头是在一片巨大的人工湖面的映衬下的巴西利亚议会大厦和三权广场。沿着西北方向可以看到纪念性轴线的北段，不远处是巨大的巴西利亚体育场（Estadio Nacional de Brasilia，2013），远处尽头是一座三角形的巴西利亚军事教堂（Catedral Militar Rainha da Paz，1994），背后是一片原始的荒原，正是巴西利亚建城之初的自然环境。沿着垂直于纪念性轴线的两个方向看去，是巴西利亚的居住轴的两翼，整齐地排列着超级街区（Super Block），临近纪念性轴线的几个街区在20世纪80年代后重新开发过，主要是酒店和商业高层建筑。

巴西利亚电视塔

在远处人工湖边，有一栋小型白色建筑远离主要城市建设区，坐落在一片自然景观之中，这是巴西利亚总统官邸（Palacio da Alvorada，1956—1958），葡萄牙语“Alvorada”意为黎明之宫，是巴西总统的居住的地方，由尼迈耶设计。在巴西利亚竞赛开始前，尼迈耶就接受巴西政府的委托开始设计这个建筑，这是巴西利亚第一栋建成建筑，这个设计无疑是整个巴西利亚政府建筑的一个前期集成测试。

白色的建筑一边是平静的湖面，一边是宽阔的绿地，在绿地和湖水的衬托下，像建筑名字暗示的那样，呈现出黎明破晓前薄雾一般透彻轻盈的建筑形态。这个建筑地面有两层，一层为总统提供官方活动空间，二层是总统家庭的私密活动空间，地下一层主要是服务用房。一个长方形的玻璃体被上下两个薄板所包裹，四周白色大理石柱廊为建筑提供了遮阳庇护。在这个建筑中，外部柱廊无疑是整个建筑的焦点，曲线形态的大理石柱子序列创造了一个深邃和轻盈的保护外壳。从室外看，轻而纯粹的白色大理石柱子与其在建筑前面的水面和游泳池的倒影，宛如一座古典神庙，充满纪念性的同时又极具机械美学；从室内向外看，曲线轮廓成为室外风景的画框。在建筑主体之外，通过平台连接了一个小而优雅的教堂，教堂平面由两个半圆曲线相错构成，错开的部分构成了建筑的门窗，建筑外围护墙体像一个卷起来的纸卷，上部经斜切后形成高起的尖角，如同古典教堂顶部的塔楼。

为了解决扁锥形变截面的柱子的受力，以及与水平楼板面相交节点设计，尼迈耶和结构师卡多佐花费数月时间工作。柱子的轮廓分为上下两部分，上部以一个很小的截面支撑着屋顶，并以锥形边缘向下逐渐扩展成为抛物线与底板相切，下部柱子轮廓线从地面的一点向上呈抛物线迅速扩张与底板相切，并与上部柱子连为一体，交界处形成一个脊线。

巴西利亚总统官邸

巴西利亚总统官邸鸟瞰

巴西利亚总统官邸柱子细节

巴西利亚总统官邸一侧的小教堂和柱子

在巴西利亚，尼迈耶以总统官邸的设计语言为基础创造了一套“设计公式”，外部使用混凝土曲线柱和遮阳板包裹着内部的玻璃盒子，质朴的混凝土构件形成政府机构所需要的古典纪念性，而玻璃盒子中变化丰富，室内空间精致细腻，在巴西利亚高原强烈的日光照射下，光影将两种材料和空间缝合成为一个整体。在巴西利亚行政建筑设计中，诸如外交部大楼（Palacio Itamaraty, 1959—1967）、总统府（Palácio do Planalto, 1960）、联邦高等法院（Supremo Tribunal Federal, 1857—1960）、联邦司法和公共安全部（Ministerio da Justica, 1957—1962），尼迈耶以这个公式为框架，不断地调整着公式中各种“配方”的变化，创造出丰富的形态，并探索这种“类型”的可能组合。

从总统官邸开车 15 分钟左右就可以到达巴西利亚最重要的中心三权广场（Square of the Three Powers，1957—1958）。这是一个由代表着立法权的国民议会（Congresso Nacional，1957—1958）、代表着司法权的联邦高等法院（Supremo Tribunal Federal，1957—1960）和代表着行政权的总统府（Palácio do Planalto，1960）环绕着倒梯形空间，三栋各自独立的建筑象征着民主体制的三权分立制度，这里也是整个巴西国家的政治核心。

三权广场

站在广场中间向西看，有一个巨大的倒L形混凝土雕塑，里面是巴西利亚建城纪念馆，其中展示了巴西利亚建城相关的档案和资料；穿过马路，经过一个绿化广场就是国民议会建筑的背面。向东往湖边看，广场尽端是祖国与自由万神殿（Tancredo Neves Pantheon of the Fatherland and Freedom，1985）。这个建筑的背后是一个巨大的城市公园，直达湖边。广场中间有一个很小的下沉空间，里面是科斯塔纪念馆，内部陈列着科斯塔的一些草图和文件；以及一个半下沉的游客中心建筑；此外，在广场上还有巴西著名雕塑家布鲁诺·乔治创作的大型作品“坎丹戈”。

祖国与自由万神殿

在巴西利亚，尼迈耶建筑中的古典纪念性达到了顶峰，其中又以国民议会（Congresso Nacional，1957—1958）为最。国民议会主要由一对竖向板块和一个水平板块构成。在建筑西侧，地形沿着中轴线开始下沉，形成一个巨大的坡面，人和机动车沿坡面进入建筑底层，水平板块犹如架在两边高起的道路之上。因为水平板块被抬离地面，下部重复的柱廊一方面造成了建筑边缘与封闭空间之间的分离感，另一方面则显示出对古典建筑形式的完全引用。这里一个飞来之笔的设计是，从下沉空间中沿中轴线升起一个巨大台阶，直通水平平台，这个台阶并不具有实际的功能作用，只在极少数仪式中使用。这个折板形台阶通过借用了古典建筑前大台阶，创造出一种崇高的上升感。水平板块上有两个半球形体量，较小的凹形半球是参议院议事大厅，较大的凸形半球是众议院议事大厅，尽管这里同样采用了传统议会建筑常用的穹顶，却是以一种前所未有的形式出现。水平板块后面两个垂直板块是主要的办公空间所在，中间以架空天桥相连，在天空的衬托下，形成一个 H 形，这一形态也被人解读为对国家人权的象征（Human 的第一个字母）。

在国民议会的建筑设计中，尼迈耶通过简洁的几何体组合，获得了一种柯布西耶所偏好的建筑光影效果，以及柏拉图形体所特有的几何和谐效果。在巴西内陆强烈的阳光照射下，古典的形式语言和现代主义简洁的白色几何体量结合在一起，使得整个建筑充满了强烈的纪念性和永恒感，成为巴西国家和民族的一个象征符号。

国民议会

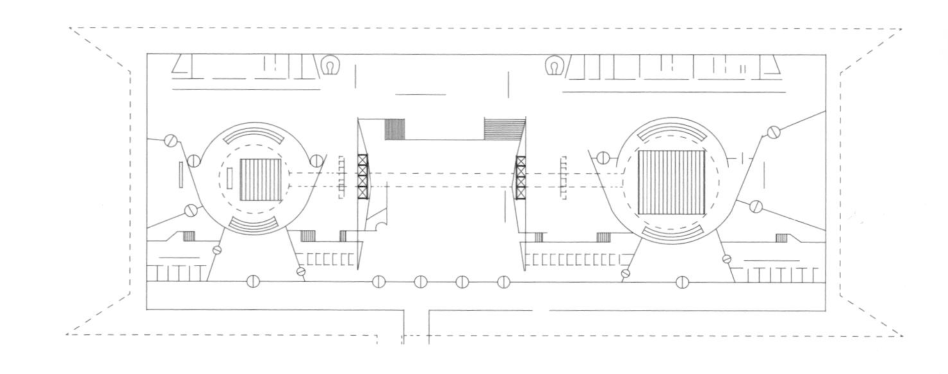

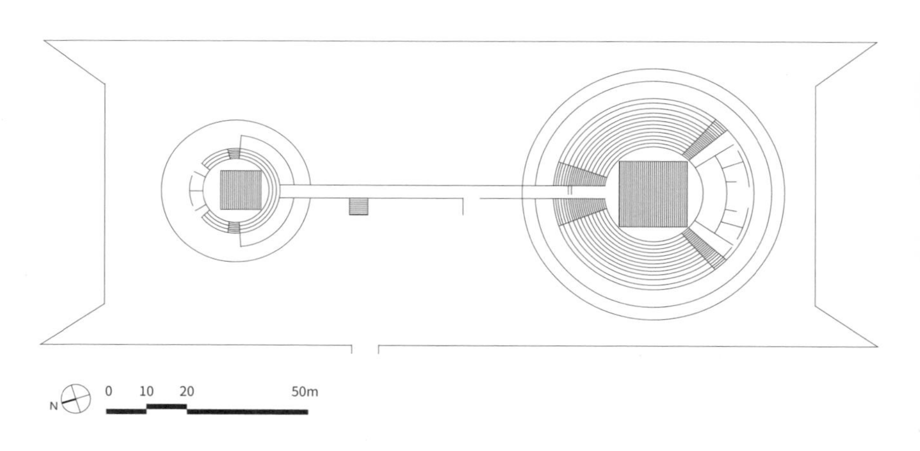

国民议会平面

在分列国民议会两侧的总统府和联邦高等法院建筑设计中，尼迈耶延续了他在总统官邸的建筑构造语言和空间处理方式：基于锥形，逐渐向外扩张转化为曲线竖向结构组成了建筑的外部承重体系，并与容纳建筑内部功能的玻璃体分离，在视觉上减轻了建筑物的重量感，同时具有一种“各自独立的形式”。

总统府也被称为丘陵的宫殿，以浓重古典纪念性的混凝土柱廊围绕着四方形玻璃盒，形态轻盈庄重。建筑四面出挑的屋顶使建筑避免强烈的日照，一组与正立面成垂直方向的混凝土承重结构将中间的玻璃盒子、一层平台和屋顶抬离地面。一层平台和地面通过一个巨大的坡道连接，曲线造型的柱子在与地面和屋顶的交接处达到了结构所允许的最小尺寸，这些处理手法使得整个建筑像悬浮在空中。

巴西利亚总统府

巴西利亚总统府全景

联邦高等法院整体建筑形态上像一个缩小了的总统府，并旋转了 90°，面向广场，建筑一层平台升起的高度很小，虽然建筑整体悬浮感不如总统府强烈，却营造了一种亲民和开放的氛围。

联邦高等法院

联邦高等法院柱廊与雕塑

从三权广场出来，在纪念性轴线的南边矗立着外交部大楼（Palacio Itamaraty, 1959—1967），北边是联邦司法和公共安全部（Ministerio da Justica, 1957—1962）。外交部大楼（Palacio Itamaraty，1959—1967）粗看与巴西利亚其他政府建筑类似，依然是混凝土柱廊环绕着玻璃盒子，但其设计理念和建造方式却完全不同。在这个建筑中，混凝土外壳内部的玻璃盒子低于混凝土外壳一层，中间的空隙形成了屋顶花园，屋顶密布着遮阳混凝土板，为屋顶花园提供遮蔽。建筑位于一个水池中间，混凝土柱廊直接矗立在水面之上，将建筑底层抬离水面，人必须从一个长长的混凝土板的坡道穿过水面进入建筑。这样的处理方式产生了生动有趣的视觉效果：混凝土粗糙的肌理，光滑的玻璃盒子表面和波动的水面之间形成了强烈的材料对比，水面波纹与内部玻璃盒子之间的折射在混凝土柱廊屋顶上部投射出闪烁和游离的光斑，混凝土外壳、玻璃里面与水面之间通过反射产生倒影。水里种植着由著名的景观设计师罗伯托·布雷·马克思精心挑选的亚马孙热带水生植物，在巴西利亚这样干旱的地区采用这种水体景观设计是非常奢侈的做法。在建筑内部，为了获得自由的内部空间，室内平面由三道平行墙体进行空间分割和承重，内部空间设计简洁干净。这个建筑的顶层是有一个围绕中庭陈列室，陈列各国赠送给巴西的礼物，中庭里巴西特有的植物和上方遮阳板构成一个极佳的开放平台空间。

外交部大楼被认为是尼迈耶建筑作品中的精品。2011 年，库哈斯访问巴西利亚时，认为这个建筑与巴西利亚大学的科技中心学院是巴西利亚最精彩的两个建筑之一，本书在下一节将介绍科技中心学院。

外交部大楼

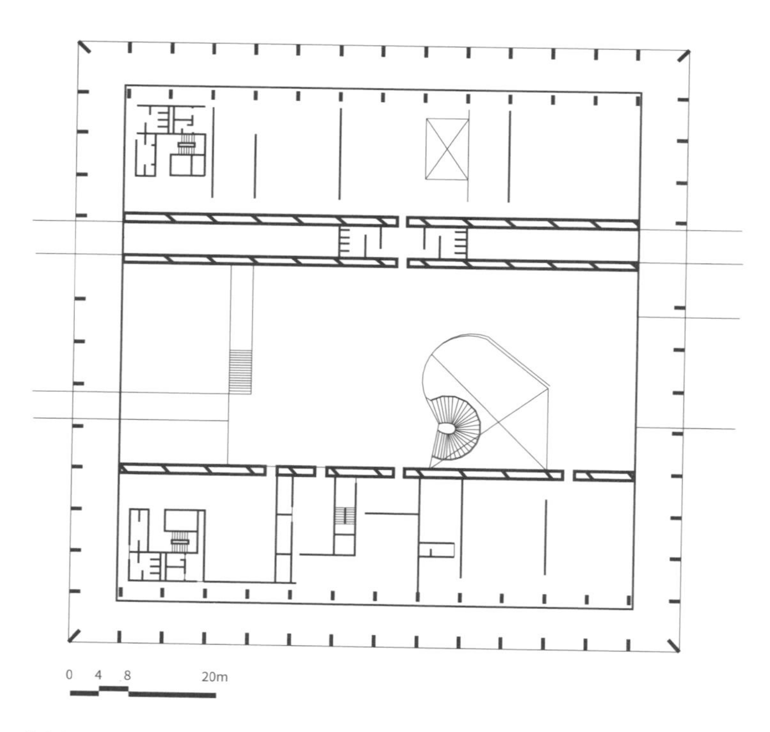

外交部大楼 1 层平面

外交部大楼内部螺旋楼梯

外交部大楼一层室内外联通庭园

外交部大楼外景观

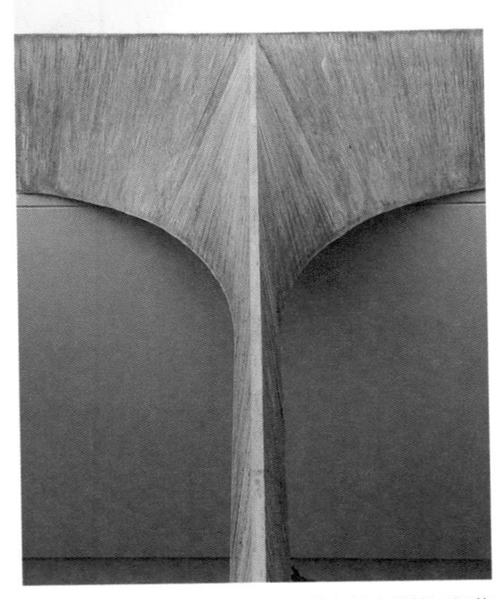

外交部大楼柱子细节

联邦司法和公共安全部（Ministerio da Justica，1957—1962）的基本构成与外交部大楼十分类似，依然是由混凝土外壳来包裹内部的玻璃盒子，混凝土外壳直接落在建筑周边水面之中，经由一个水面上平缓的混凝土板坡道进入建筑。但在立面语言组织和柱子的造型上有所变化。由垂直于玻璃盒子表面的一系列短墙形成了柱廊，柱子升到顶部以短墙之间的距离为半径形成四分之一圆拱，在屋顶悬挑部分这种做法被打断，下部没有任何结构支撑，仅在屋顶四个角部，布置了一个很细的方柱，限定了建筑的纯粹几何形体边界。这样的处理方式一方面使得柱廊的建筑形式逻辑极为清晰，另一方面，避免了连续的短墙柱廊中深邃的阴影导致建筑外观过于笨重和封闭。在柱子之间随机悬挂着异常厚重和巨大的混凝土滴水槽，水流倾倒在建筑前面的水池中。这种雕塑性极强的立面处理方法使得这个建筑在巴西利亚行政建筑群中显得尤为独特。这个建筑的景观仍是由布雷·马克思设计。

沿着纪念性轴线向西走，两边排列着两排整齐和造型一样的办公楼，这里是巴西各个行政部门办公所在地，也是巴西利亚最早建造的一组建筑。经过这组办公楼，可以看到轴线南边造型独特的巴西利亚大教堂（Catedral Metropolotana de Brasilia，1958—1967）。

联邦司法和公共安全部

巴西利亚政府部门办公楼

巴西利亚大教堂是新首都最早的几栋建筑之一，也是行政区内视觉上最有趣的一栋建筑。在宣布建设新首都后，尼迈耶就开始着手设计这个教堂。这个设计中，他突破了很多传统教堂的原则，创造出了神秘而梦幻的空间。建筑平面是一个完整的圆形，教堂的圣坛和中殿全部布置在这个圆形空间内部。教堂外形由轻薄的抛物线形混凝土构架从上逐渐向下扩展，架在一个直径 70 米的混凝土圆圈梁之上，内部空间由抛物线构架引导向上产生出上升的崇高感，构架间的彩色玻璃将阳光揉碎拉入礼拜空间，使整个空间充满色彩。人们需要从地面沿狭窄漆黑的下沉坡道进入明亮的地下教堂。

最初建成时，这个教堂并没有安装窗户，因为尼迈耶认为在上天与教堂中的祈祷者之间并不需要任何世俗的物质中介，开放的教堂顶部象征了人和宗教天堂之间的融合。因此，教堂在建筑主体结构建成多年后，都保持一种开放的状态。另外一个原因在于没有公司可以制作这样尺寸的窗户。直到 1970 年，教堂的屋顶才用轻钢结构和透明玻璃封闭起来。1980 年，曲线的构架被刷成白色，玛丽安娜 · 佩里蒂为顶部窗户设计了彩色玻璃。

巴西利亚大教堂与钟塔

建设中的巴西利亚大教堂

巴西利亚大教堂入口

尼迈耶的巴西利亚大教堂草图

巴西利亚大教堂室内

紧邻巴西利亚大教堂是国家博物馆（Museu Nacional da República，1965），位于巴西利亚纪念性轴线附近，建筑共计 14 500 平方米，包括两个 780 座报告厅和一个研究室。虽然始建于 1965 年，但 2006 年才建成投入运营，这时的尼迈耶已经 99 岁。

从建筑入口处沿着坡道上升进入半圆穹顶建筑，穹顶的直径达到 90 米，高 26 米。内部楼层平面非常类似尼迈耶在圣保罗设计的天文馆，但这一次建筑内部的主要交通流线更加有趣和富有变化，各层展示空间通过一个蜿蜒曲线坡道连接，缓坡道也是展览空间的一部分，同时也划定了不同楼层和中庭的边界。最高的四层楼板是由穹顶垂下的纤细铁柱悬挂在穹顶之上，三层楼板则是由二层墙体支撑，局部由铁柱悬挂在穹顶之上，这样的处理方法使得各楼层平面可以自由布置，同时下垂的纤细金属杆件既起到了悬挂的结构作用，也起到了装饰空间的作用。一部分坡道从室内盘旋后伸出穹顶之外，变成室外坡道，然后再返插入穹顶之中，这样不仅打破了穹顶完整的几何形体，也在穹顶表面形成了有意思的阴影变化。

国家博物馆

国家博物馆室内

国家博物馆坡道

国家图书馆

国家博物馆与旁边20世纪90年代建成的国家图书馆（National Library of Brasília，1999）一起，呈现出强烈的雕塑性，加上周边宽阔的硬质铺地广场，当人们在两个建筑中间穿行的时候，就像身处基里科油画之中，充满了超现实主义绘画的感觉。

在国家博物馆的对面是巴西利亚国家大剧院（Cláudio Santoro National Theater，1960—1961），建筑外形是类似一个印第安金字塔形。由国家图书馆前行100米左右就到了巴西利亚纪念性轴线和居住轴的交汇点，纪念性轴线的在这里下沉穿过居住轴，交汇处的地下空间是巴西利亚的中央汽车站（Estacao Central Metro DF，1960），由科斯塔设计。在这个路口的南部街角有一个地面汽车站，以现代建筑语言来表达殖民风格建筑类型，科斯塔后期一直致力于探索如何将巴西传统与现代主义结合。

巴西利亚国家大剧院

中央汽车站

经过中央汽车站后，我们又回到了出发点巴西利亚电视塔。从这里向西北方向延伸出的轴线上面，布置着一系列的小型文化建筑，依次是 Funarte 文化综合体（Complexo Cultural Funarte Brasília，1991）、巴西利亚轻音乐俱乐部（Clube do Choro de Brasília，2007—2010）、印第安土著人纪念馆（Indigenous Peoples Memorial, 1987）、库比契克总统纪念馆（Memorial JK, 1981）和巴西利亚军事教堂（Catedral Militar Rainha da Paz, 1994）。这些建筑大多是尼迈耶在 80 年代以后所设计的。

Funarte 文化综合体

巴西利亚轻音乐俱乐部

印第安土著人纪念馆

库比契克总统纪念馆

巴西利亚军事教堂

这些建筑中比较重要的是库比契克总统纪念馆。混凝土建筑背后是一个水池，参观者需要从一个下沉坡道进入水池下的室内空间。在屋顶上方有一个蛋形混凝土外壳，其下是库比契克总统的棺木所在，屋顶的另一侧是一个混凝土塔高高托起的库比契克雕像。这里是整个巴西利亚纪念性轴线的最高点，一边可以看到这条轴线南端尽头的三权广场，另一边可以看到北端尽头，位于巴西利亚军事管理区内的巴西利亚军事教堂。

至此，本书介绍了尼迈耶在巴西利亚所设计的主要作品，但这远远不是他在巴西利亚全部的作品，在这个城市的任何一个角落，都会看到尼迈耶的作品，至今依然影响着当代的建筑师，然而，一个人设计一个城市所产生的弊端并非个人天才和激情可以克服的。

库比契克总统纪念馆雕塑

B4
巴西利亚大学

刚建成的科技中心学院

巴西利亚大学位于巴西利亚的东北，紧邻居住轴。在建城之初，建立一所新型国立大学就被排在了建设日程的首位。巴西利亚大学第一任校长是巴西著名的人类学家达西·里贝罗，他曾担任巴西教育部长，1964年，军政府上台后，被迫离开巴西流亡，期间参与拉美许多国家的教育改革。前面介绍尼迈耶的桑巴大道项目时，提及是他推荐尼迈耶设计这个项目。在他担任校长期间，引入许多巴西著名的建筑师和艺术家一起参与这个学校的规划和设计。

巴西利亚大学中最突出的建筑是巴西利亚大学科技中心学院（Instituto Central de Ciências，IIC，1961—1964），初期由尼迈耶设计，后来由巴西建筑师若昂·菲尔盖拉斯·利马接手完成。这个建筑作为巴西利亚大学的主要教学楼，所有教学和研究空间都位于两个长度接近 700 米的蛇形长条建筑中，两个线性体量之间是一个中心花园，沿着花园两侧是高大的柱廊，行走其间可以感受到强烈的纪念性。

这个建筑是巴西利亚第一个采用混凝土预制构件建造的建筑。1955 年，利马毕业后到巴西利亚帮助尼迈耶管理建造现场。1960 年，短暂离开，1962 年，受校长达西·里贝罗的邀请继续参与巴西利亚大学的建设，在尼迈耶的指导下设计和建造巴西利亚大学。在校方和政府的最初计划里，希望这个大学建筑使用预制建造技术，以避免工地上的杂乱，并提高效率。利马一生都在致力于解决预制技术和技术能力不足的工人之间的矛盾。

此外，这个建筑的整体形态可以被视为巴西利亚城市居住横轴的一个缩小版，在校园建筑和城市的整体结构之间建立了一种联系。考虑到居住横轴超级街区的设计目标是强调平等和集体生活，那么这种教学楼中的建筑布局也就不是无意而为之的结果了。在 700 米长的空间里，将各个学科、各个年级、教师和学生活动的场所进行了无差别地布置，正是强调一种无等级的集体生活。库哈斯曾不无嫉妒地评论这个建筑：只用一根线的草图却能够创造出这样的设计，只能说明这个设计师是一位天才。

科技中心学院走廊

科技中心学院中间大厅

科技中心学院中心庭院

科技中心学院预制混凝土结构

科技中心学院的附近还有几栋辅助教学建筑和行政建筑。达西·里贝罗纪念馆（Memorial Darcy Ribeiro，2009—2010），由利马设计，用来纪念这位校长，同时收藏了他的藏书以及文献。巴西利亚大学校长办公楼（Reitoria UnB，1972—1975）由保罗·廷布雷斯设计。这是一栋粗野主义风格的建筑，两个由混凝土板覆盖的长方体之间用坡道连接，开放的中庭上部有混凝土格网梁板遮阳，庭院中布置有花园、平台和水池供人休息。在中庭一端的屋顶上悬挂着一个报告厅。这个建筑朝任何一个方向都是开敞的，即使在炎热的夏天，走进建筑的中庭，也会立刻阴凉下来。此外，这个建筑在混凝土悬挑设计方面极为大胆，外围护几乎被水平向的混凝土遮阳板完全包裹，而底层和庭院通透明亮，受圣保罗学派建筑原则的影响更大，是巴西粗野主义建筑作品中的上乘之作。

达西·里贝罗纪念馆

巴西利亚大学校长办公楼悬空报告厅

巴西利亚大学校长办公楼

巴西利亚大学校长办公楼北面大草坪的对面是巴西利亚大学图书馆（Biblioteca Central UnB，1969—1973），由何塞·加尔宾斯基和米格尔·阿尔维斯·佩雷拉合作设计。建筑的屋顶类似柯布西耶在昌迪加尔市政厅所设计的曲线屋顶，山墙面是沉重坚实的混凝土实樯，两个长向立面由巨大的混凝土遮阳板组成，背后是玻璃幕墙围护。从正面看，这个建筑极具纪念性，但背面却流露出一种精致的感觉，其中一方面原因在于超常尺度的混凝土遮阳板做得很薄，另一方面原因在于整个建筑后方被绿色的自然坡地围住，自然和混凝土之间的颜色和质感对比，树木和变化的地形减弱了整个建筑的超常尺度。

巴西利亚大学占地面积很大，其建设时间跨度也很大，不同年代和风格的建筑遍布校园的各个角落，漫游校园中如同走在一个校园建筑博物馆中。

巴西利亚大学图书馆

巴西利亚大学图书馆背面

巴西利亚大学图书馆巨型遮阳板

B5
超级街区与卫星城

巴西利亚居住轴北翼

巴西利亚的行政区设计无疑获得了成功，达到了最初的设计目的，然而对于一个有着千千万万人生活的城市而言，真正能够体现出社会结构和生活差异的地方是居住区。为了实现社会主义理想，取消社会和阶级差异，巴西利亚城市中所有土地都是公有的，其所在州政府将承担建设城市的费用，旨在探索一种属于巴西的新型社会组织形式。巴西利亚的居住区规划和设计也秉承了这一理念，希望将追求社会公正和平等体现在城市的每个角落。

巴西利亚居住轴两翼由超级街区组成。每个超级街区约有 240 米 ×240 米大小，而常规的巴西街区只有 100 米 ×100 米，四个超级街区组成一个单元，由道路直接连接居住主轴上的高速公路。在两个超级街区之间分布有商业服务区，社区的公共设施，诸如电影院、零售、教堂等设施都集中布置在此，这些临街商业有两个面向，一面朝向道路服务汽车驾驶者，一面朝向内部街区服务行人，行人可以直接从社区内部进入商业设施。在超级街区内部，最初的设计是布置 6 层带架空层的住宅，住宅之间是花园，行人可以不受阻隔地自由穿越社区，但由于建设的时期不同，后期的住宅建筑类型从 3 层到 6 层，从架空到不架空都有。超级街区内部除了住宅外，还分布有幼儿园和学校这样的公共设施。同时，在两个相邻的超级街区组中，其中一个的四分之一面积会布置运动场、游泳池和健身设施。此外，每个超级街区都有一个特征颜色，周边种满繁茂的大树，以便遮挡外部的视线。超级街区设计的初衷是希望以新形态实现集体主义社会生活，希望不同社会等级的人们居住在一起，并使用相同的城市服务设施，以便产生紧密的联系，创造出一种新型社区，消除传统社会中文化和社会的差异。

然而巴西利亚建成后不久，现实就击碎了理想。首先，由于超级街区的低密度开发，巴西利亚主城所能提供的住宅很有限，这种供给端的不足导致了城市内地价的上升；其次，因为政府不愿意在这座理想城市中降低住房标准，相对高的建造标准导致房价过高，不能适应巴西社会的普遍经济状况，因此主要的购买者和居住者是白领阶层的公务员，最终这些超级街区成为只适合中产阶级居住的区域。

超级街区组团平面

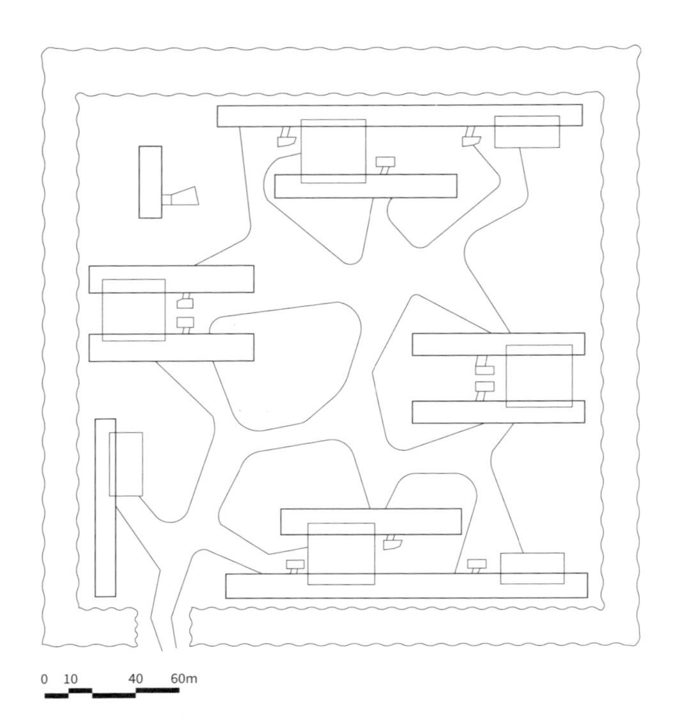

超级街区平面

刚建成的超级街区

超级街区鸟瞰

超级街区间的服务设施

在建城之初，政府曾经在巴西利亚郊区设置了临时居住点，提供给建造这座城市的人临时居住，政府认为等巴西利亚建设完，工棚里的人们会离开巴西利亚。但后来，政府发现这些来自巴西贫苦地区的大批工人并不打算离开，而是准备长期居住于此。为了保持巴西利亚城市风貌，政府在郊区规划了卫星城为低收入者提供居住用地。第一个这样临时居住社区被称为“开拓者中心”。1964年，政府重新修订了巴西利亚联邦区的规划，将巴西利亚和开拓者中心划分在一个区域，其他七个区域则参照霍华德的“花园城市”理论规划了七个卫星城，科斯塔和尼迈耶否认自己和卫星城的规划有任何关系。

理论上，卫星城应该有自给自足的生活系统，然而早期巴西利亚的卫星城只不过是一个集中宿舍区，现在则是中低收入人口的聚集区，这里虽然不是贫民窟，但这里的居民之前大部分都来自贫民窟。卫星城内没有工作机会，也缺乏基本的服务设施，大量的低收入者不得不每天借助昂贵而低效的公共交通工具往返于卫星城和巴西利亚之间。

巴西利亚和卫星城之间所展现出来的社会阶层分化状况是巴西整个国家阶层分化的一个缩影，也是现代主义悖论的一个实际案例。建立在极端的现代主义城市原则之上的巴西利亚，是国家和左翼政府对巴西国民的一个承诺，用来打破旧的制度的一个实验，然而最终的结果只是在形式上消除了这些问题，现实则展现出更加残酷的一面，那些建设这些城市的人却被摒弃在他们认为的“应许之地”之外。

B6
后来者

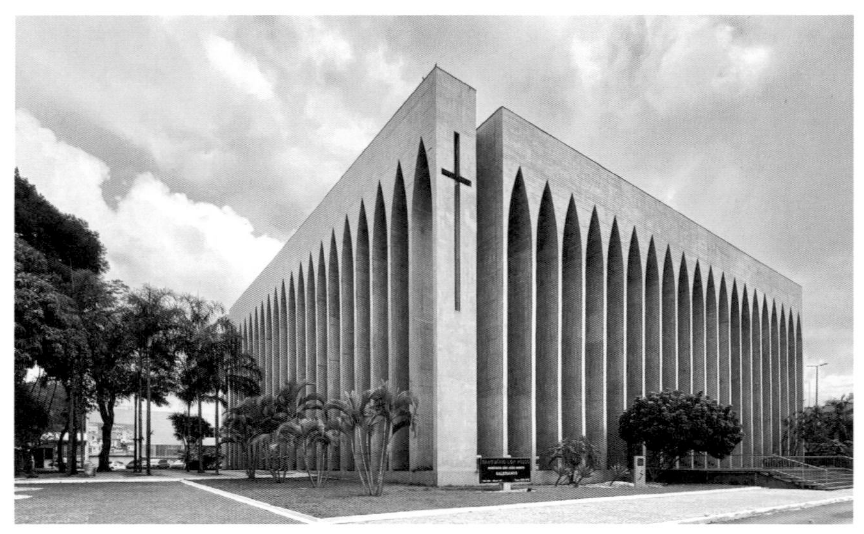

蓝色教堂

蓝色教堂室内

巴西利亚不是一个静态的城市，城市建成那一刻只是这个城市的开始，而不是终止。尽管尼迈耶设计了这个城市中的大部分建筑，还是有其他建筑师参与巴西利亚的建设并完成一些作品，如在前面巴西利亚大学一节中提及了若干其他巴西建筑师的作品。任何在巴西利亚做设计的建筑师面临着双重的压力：一是来自前辈大师巨大的压力；二是巴西利亚这个现代主义城市形态本身，以及世界遗产条例所带来的限制。在本节将介绍一些不同时代的建筑师在巴西利亚的作品，看看后来者如何回应这座城市的挑战。

1883 年，意大利教士唐·博斯科梦到了一个未来的城市，一个公正而又富足国家首都，并预言了这个城市位于新大陆经度 15°到 20°之间，而这正是巴西利亚的位置。为了纪念他，巴西利亚政府在一个超级街区中修建了蓝色教堂（Santuário Dom Bosco，1958），由卡洛斯·阿尔贝托·纳维斯设计，室外景观由布雷·马克思设计。从外部看，建筑没有什么特别之处，正方形的建筑由 80 根水泥柱体围成的哥特尖拱造型，柱间是由 11 种不同蓝色的玻璃块组成的窗户，彩色玻璃窗户由艺术家佩里蒂设计。室内中央悬挂着一个由 7000 多块水晶玻璃组成的重达 2.5 吨大烛台。在关闭大烛台灯光时，室外阳光从四周进入室内，被彩色玻璃窗转化为不断跳跃的色斑，这些光斑经由大烛台上水晶玻璃的反射，外部阳光的微小变化在室内都转变成为一种戏剧性的变化；而当将大烛台的灯光打开后，整个室内充满了两种不同色彩的光，产生了更为丰富的折射

蓝色教堂大门玫瑰玻璃与浮雕

和反射，整个室内的色域会发生流动，呈现出流光溢彩的效果。室内屋顶被设计为折板密褶形态，朝向几何中心汇聚，这些朝向不同方向倾斜折板进一步增强了室内的光线反射的同时，呼应了室外哥特尖拱的形态。此外，建筑入口的铜门是由巴西艺术家锡龙·佛朗哥设计。

在巴西利亚电视塔不远处有两个体育场，其中，大的是巴西利亚国家体育场（Estádio Mané Garrincha，2013），这是巴西第二大体育场。现在的体育馆是在原国家体育场基础上改造而成，由德国建筑公司 GMP 与一家巴西本地建筑事务所合作设计。主要改造的内容包括：体育场地外部立面、双层屋顶设计，以及内部 72000 人的观看台设计。由于这是巴西利亚体量最大的建筑，而且临近中轴线，因此如何融入城市的历史和环境是建筑师所需面对的重要任务。建筑选择混凝土“柱林”来回应城市先前建筑，密集的细长柱子支撑着环绕的看台，形成了一个柱廊，产生出强烈的纪念性。这样的设计方法和尼迈耶典雅的国家主义极为相似。

巴西利亚国家体育场

在介绍圣保罗的最后一节中，我们提到了两位著名的巴西当代建筑师安杰洛·布奇和阿尔瓦罗·蓬托尼，并介绍了安杰洛·布奇的周末住宅项目，这里我们将介绍另外一位建筑师阿尔瓦罗·蓬托尼的作品。阿尔瓦罗·蓬托尼毕业于圣保罗大学建筑系，早期与安杰洛·布奇合作，其后创建自己的公司 gruposp。

Sebrae 新总部（Sebrae - Sede Nacional，2010）位于巴西利亚侧翼下部临湖的一个地块。“Sebrae”是巴西小微企业支持服务机构的缩写，这个建筑是其新总部。阿尔瓦罗·蓬托尼从基地的地形特征出发，采用了将建筑和周边的自然景观整合到一起的设计策略。基地临湖和沿街面有着很大的高差，建筑既需要拥有良好的湖景的临湖界面，也需要一个积极的沿街界面，为了解决这个问题，建筑师采用了巴西现代主义建筑最具特色和传统的一个手法，将高于街道地平的部分抬起，这样整个与街道平齐的平台同时向湖面和街道完全开放。这个开放的平台围绕着一个用于集会和庆祝仪式的下沉庭院，围绕着在这个庭院布置了各种教育和培训空间、多功能教室、礼堂、图书馆和食堂。下沉庭院下部布置了停车层和设备层，上部则是主要的办公层，无柱的空间设计让办公室可以随意布局，双层结构的建筑表皮还起到优化环境和节能减排的作用。建筑北侧内部是连接前后两排建筑的室外连廊，这些曲线连廊的形式不仅打破了室内庭院严格几何形态，同时暗示出某种与巴西现代主义传统的联系；而北侧外部柔和的曲面墙体，以及上方面向城市方向的开口为这个建筑带来了独特的外部形式特征。

在这个建筑中，精确的钢结构和玻璃构件这些充满细节的构件弱化了建筑的尺度，建筑师从空间体量和细节同时入手，在建筑内部和城市空间建立起来一种变化微妙的联系，既与这座城市中巴西现代建筑传统有所联系，又存在着完全不同的空间体验。

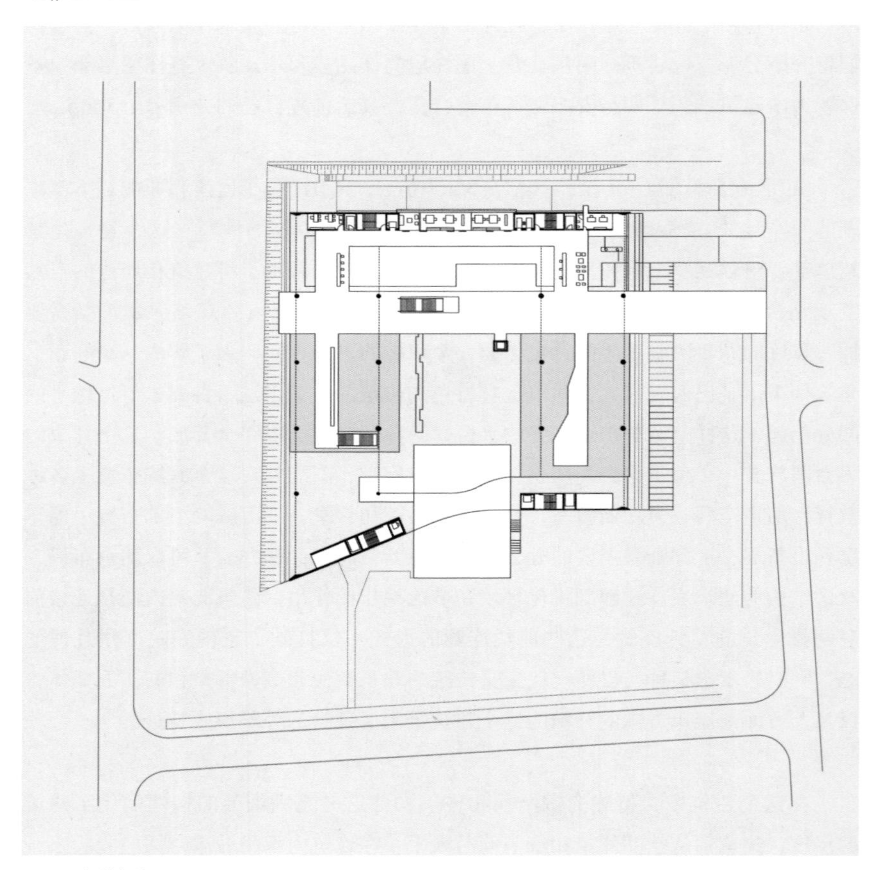

Sebrae 新总部地面层平面

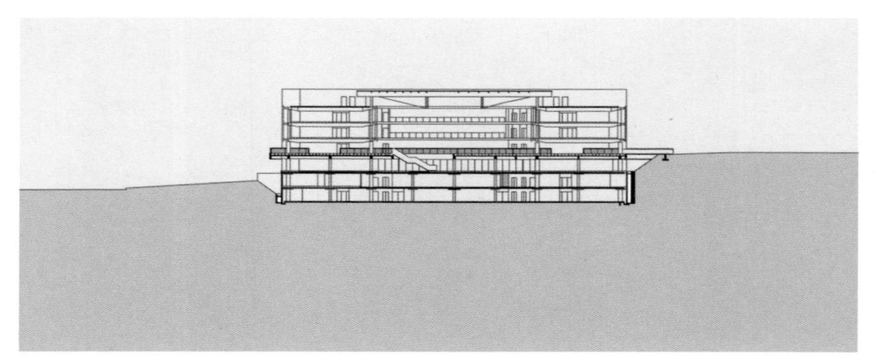

Sebrae 新总部剖面

Sebrae 新总部

Sebrae 新总部夜景

Sebrae 新总部北侧

Sebrae 新总部中庭

巴西利亚项目信息

城市区域

纪念性轴线（Monumental Axis）
超级街区（Super Block）
巴西利亚大学（University of Brasilia）

重点介绍建筑

B01 巴西利亚总统官邸（Palacio da Alvorada,1956—1958）

建筑师：奥斯卡·尼迈耶（Oscar Niemeyer）
地址：SPP
Plano Piloto de Brasília
Brasília — DF
Brazil
注：无法入内参观

B02 国民议会（Congresso Nacional, 1957—1958）

建筑师：奥斯卡·尼迈耶（Oscar Niemeyer）
地址：Praça dos Três Poderes
Brasília — DF
70165-900
Brazil
注：需预约参观

B03 联邦高等法院（Supremo Tribunal Federal,1957—1960）

建筑师：奥斯卡·尼迈耶（Oscar Niemeyer）
地址：Praça dos Três Poderes
Anexo II—A
Barrio Térreo
Brasília — DF
70175-900
Brazil
注：无法入内参观

B04 联邦司法和公共安全部（Ministerio da Justica,1957—1962）

建筑师：奥斯卡·尼迈耶（Oscar Niemeyer）
地址：Esplanada dos Ministérios
Palácio da Justiça, Bloco T, Edifício sede
Brasília—DF
70064-900
Brazil
注：无法入内参观

B05 巴西利亚大教堂（Catedral Metropolotana de Brasilia，1958—1967）

建筑师：奥斯卡·尼迈耶（Oscar Niemeyer）
地址：Esplanada dos Ministérios – Lote 12
Plano Piloto de Brasília
Brasília — DF
73368-390
Brazil

B06 总统府（Palácio do Planalto, 1957—1960）

建筑师：奥斯卡·尼迈耶（Oscar Niemeyer）
地址：Praça dos Três Poderes
Plano Piloto de Brasília
Brasília — DF
70360-705
Brazil
注：无法入内参观

B07 蓝色教堂（Santuário Dom Bosco，1958）

建筑师：卡洛斯·阿尔贝托·纳维斯（Carlos Alberto Naves）
地址：SEPS 702, s/n
Asa Sul
Brasília — DF
70330-720
Brazil

B08 外交部大楼（Palacio Itamaraty，1959—1967）

建筑师：奥斯卡·尼迈耶（Oscar Niemeyer）
地址：Esplanada dos Ministérios, Bloco H
Eixo Monumental
Brasília — DF
70170-900
Brazil
注：需预约参观

B09 巴西利亚大学科技中心学院(Instituto Central de Ciências, IIC, 1961—1964)

建筑师：奥斯卡·尼迈耶（Oscar Niemeyer）
地址：Campus Universitário Darcy Ribeiro
Brasília — DF
70910-900
Brazil

B10 国家博物馆（Museu Nacional da República，1965）

建筑师：奥斯卡·尼迈耶（Oscar Niemeyer）
地址：BrasiliaSetor Cultural Sul Lote 2
Brasília — DF
70070-150
Brazil

B11 巴西利亚大学图书馆（Biblioteca Central UnB，1969—1973）

建筑师：何塞·加尔宾斯基（José Galbinski）米格尔·阿尔维斯·佩雷拉（Miguel Alves Pereira）
地址： Campus Universitário Darcy Ribeiro
Brasília — DF
70910-900
Brazil

B12 巴西利亚大学校长办公楼（Reitoria UnB，1972—1975）

建筑师：保罗·廷布雷斯（Paulo Zimbres）
地址：Campus Universitário Darcy Ribeiro
Brasília — DF
70910-900
Brazil

B13 库比契克总统纪念馆（Memorial Jk，1981）

建筑师：奥斯卡·尼迈耶（Oscar Niemeyer）
地址：Eixo Monumental
Lado Oeste Praça do Cruzeiro
Brasília — DF
70070-300
Brazil

B14 Sebrae 新总部 (Sebrae - Sede Nacional, 2010)

建筑师：阿尔瓦罗·蓬托尼（Alvaro Puntoni）
地址：SGAS Av. L2 Sul, 604/605, Módulos 30/31
Asa Sul
Brasília — DF
70200-645
Brazil
注：需预约参观

B15 巴西利亚国家体育场（Estádio Mané Garrincha，2013）

建筑师: GMP Architekten + schlaich bergermann und partner + Castro Mello Arquitetos
地址：SDN Trecho 1
Asa Norte
Brasília — DF
70070-701
Brazil

其他建筑

B16 巴西利亚国家大剧院（Cláudio Santoro National Theater，1960—1961）

建筑师：奥斯卡·尼迈耶（Oscar Niemeyer）
地址：Teatro Nacional Cláudio Santoro
SCN
Plano Piloto de Brasília
Brasília — DF
Brazil
注：不开放

B17 巴西利亚的中央汽车站（Estacao Central Metro DF, 1960）

建筑师：卢西奥·科斯塔（Lucio Costa）
地址：Erl S
Plano Piloto de Brasília
Brasília — DF
Brazil

B18 巴西利亚电视塔（Torre de TV de Brasilia, 1965—1967）

建筑师：卢西奥·科斯塔（Lucio Costa），奥斯卡·尼迈耶（Oscar Niemeyer）
地址：Feira da Torre de Brasília DF
Plano Piloto de Brasília
Brasília — DF
Brazil

B19 祖国与自由万神殿（Tancredo Neves Pantheon of the Fatherland and Freedom，1985）

建筑师：奥斯卡·尼迈耶（Oscar Niemeyer）
地址：Praça dos Três Poderes
Brasília — DF
70165-900
Brazil

B20 印第安土著人纪念馆（Memorial dos Povos Indigenas，1987）

建筑师：奥斯卡·尼迈耶（Oscar Niemeyer）
地址：Eixo Monumental Oeste
Praça do Buriti
Brasília — DF
73369-044
Brazil

B21 Funarte 文化综合体（Complexo Cultural Funarte Brasília，1991）

建筑师：奥斯卡·尼迈耶（Oscar Niemeyer）
地址：Eixo Monumental
Plano Piloto de Brasília
Brasília — DF
Brazil
注：位于电视塔和展览馆之间的中央绿地之中的一组小建筑

B22 巴西利亚军事教堂（Catedral Militar Rainha da Paz，1994）

建筑师：奥斯卡·尼迈耶（Oscar Niemeyer）
地址：Catedral Militar Rainha da Paz
Plano Piloto de Brasília
Brasília — DF
70803-170
Brazil

B23 国家图书馆（Biblioteca Nacional de Brasilia Leonel Brizola，1999）

建筑师：奥斯卡·尼迈耶（Oscar Niemeyer）
地址：Setor Cultural Sul, Lote 2
Edifício da Biblioteca Nacional
Brasília — DF
70070-150
Brazil

B24 达西·里贝罗纪念馆（Memorial Darcy Ribeiro，2009—2010）

建筑师：若昂·菲尔盖拉斯·利马（João Filgueiras Lima）
地址：Campus Universitário Darcy Ribeiro
Brasília — DF
70910-900
Brazil

B25 巴西利亚轻音乐俱乐部（Clube do Choro de Brasília，2007—2010）

建筑师：奥斯卡·尼迈耶（Oscar Niemeyer）
地址：Eixo Monumental
Plano Piloto de Brasília
Brasília — DF
Brazil
注：位于电视塔和展览馆之间的中央绿地之中

超级街区北翼
North wing of
Super Block
B22
S14
B15
B13
B20
B25
B21
B18
B16
B17
B23
B09
B07
B14
超级街区南翼
South Wing of
Super Blak

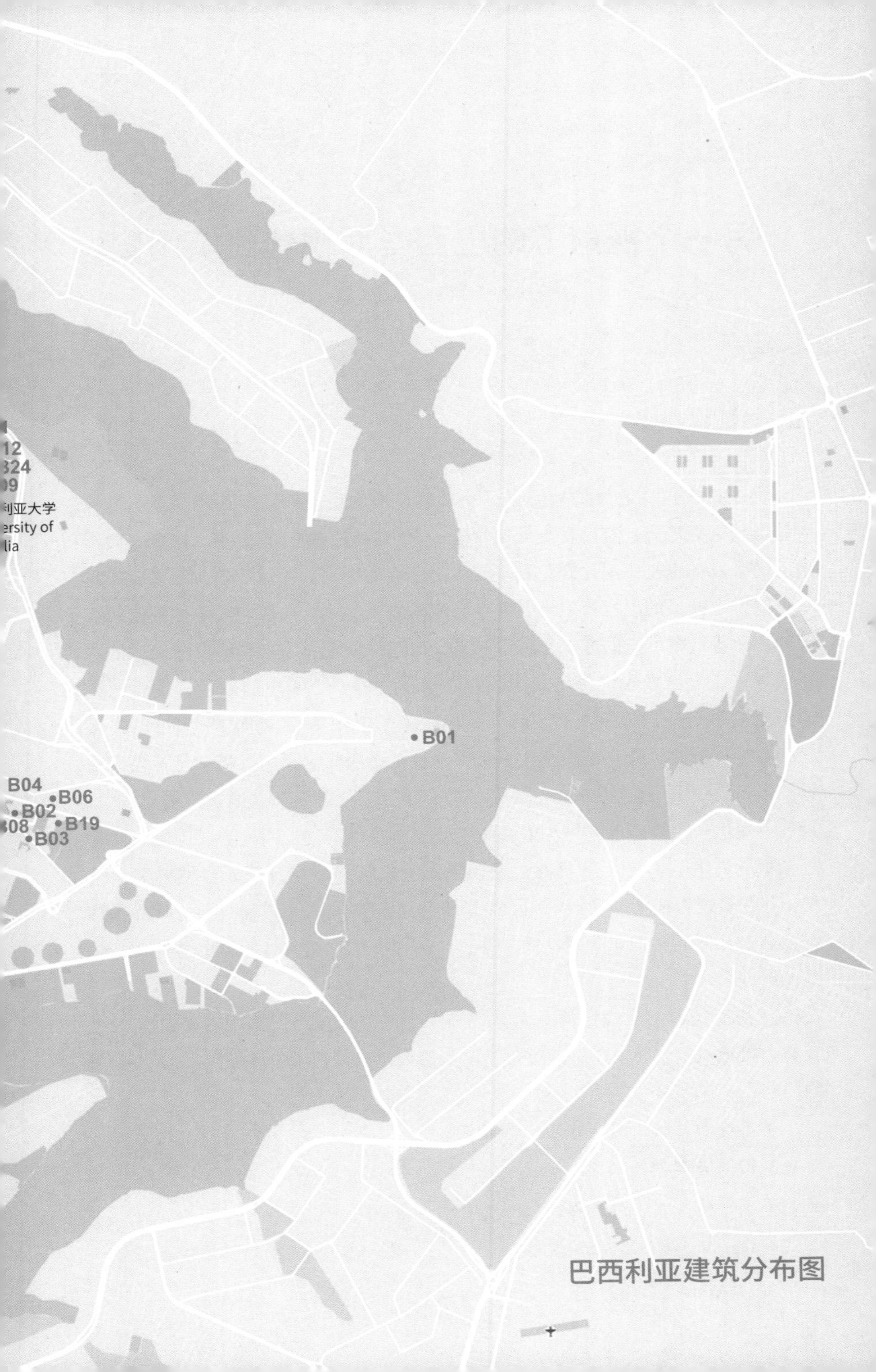

12
324
09
利亚大学
ersity of
lia
B01
B04
B06
B02
B19
B03
巴西利亚建筑分布图

延展阅读

另一个视角下的巴西早期现代建筑历史

裴钊

由于语言自身的结构和特点，文字展现出的是一种线性路径。然而当一个人置身陌生的地方，其感受更类似身处一个错综复杂的迷宫之中，这既是阅读和亲历的区别，也是体系化知识和现实生活之间的区别。遥远的巴西本来就不是一个可以说走就走的出行目的地，现在又深陷疫情之中，短时间内更加难以成行。因此，读者极有可能的方式是屋中神游，但这样就会冒着一种被书中简化的资料所误导，认为巴西和巴西建筑仅仅存在于这样的一个简单的结构，或者像官方的历史叙事一样，柯布西耶石破天惊地带来了现代主义，里约学派继承并发扬光大等等。因此，补充这篇杂记，文中涉及了巴西文学家、人类学家、艺术家、设计师、商人和政客各色人等，以及政治、情感、家族关系和其他条条支支的内容，为读者提供一个当时的语境和大背景，使读者可以看到巴西社会、历史和文化中复杂而特殊的一面，了解巴西早期现代主义建筑的发展并非如自然科学学科一样，存在着逻辑清晰的发展阶段，而是涉及诸多人、事、偶然的和非理性的因素，以及有意无意间被遗忘和忽略的事件、个体和群体。在大写的历史之外，还有另外的面向。

最初为这本书所拟定的书名里有一个是“从地球另一头观看建筑”，一个我努力接地气的尝试。这句话改自美国女诗人伊丽莎白·毕肖普在《旅行的问题》的一句[1]：

是怎样的幼稚：只要体内一息尚存

我们便决心奔赴他乡

从地球的另一头观看太阳？

去看世界上最小的绿色蜂鸟？

——伊丽莎白·毕肖普《旅行的问题》，1965

大概也和个人对跖点情结有关。但看过全诗的读者就会明白，这句话远远不是那么“诗和远方”，也并非对“旅行”或者“壮游”的一种颂扬，而是深深的质疑。

本书现在的名字“成为巴西”来自同济大学出版社徐希编辑的建议，我非常喜欢这个名字，因为“成为巴西”的英文是“to be Brazil”，“to be”的发音让人联想到巴西现代文化史上最著名的一句话：“图皮或者不是图皮，这是一个严肃的问题。”（Tupi or not Tupi, that is the question.），源自 1928 年巴西诗人和评论家奥斯瓦尔德·德·安德拉德的《食人主义宣言》（图 1），显然这模仿了莎士比亚《哈姆雷特》中最著名的一句话。图皮（Tupi）是葡萄牙殖民前居住在巴西的印第安土著部落，安德拉德使用这个与“to be”发音相似的单词，在其文化宣言中提出以一种全新的批判方式同时拥抱当地传统和国际文化，并对两者都提出质疑。图皮可以说是巴西的另外一个称呼。

19 世纪末和 20 世纪初，随着国际劳动分工深化，拉美被卷入世界经济体系。经济结构的变化需要大量劳动力推动资本的加速发展，地广人稀的拉美开始对欧洲和世界各地移民开放大门。这一时期拉美城市化加速，人口剧增，伴随移民到来的还有欧洲的新思想和新技术，这些新的变化也带来了新的冲突，刚跨入 20 世纪的拉美进入了一个思想、文化和艺术方面的“大混乱”时期。在这种

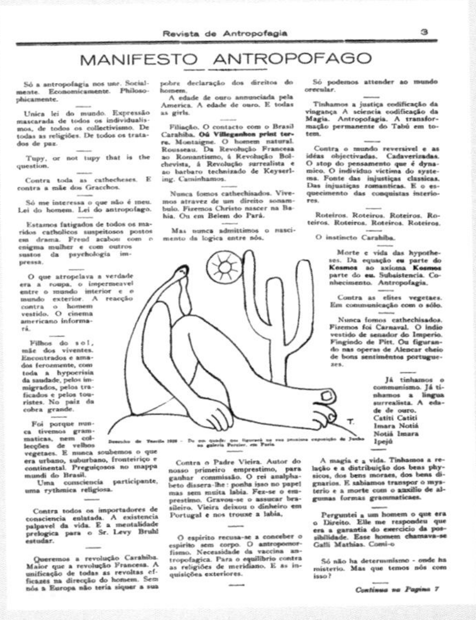

Revista de Antropofagia 3

MANIFESTO ANTROPOFAGO

Só a antropofagia nos une. Socialmente. Economicamente. Philosophicamente.

Unica lei do mundo. Expressão mascarada de todos os individualismos, de todos os collectivismo. De todas as religiões. De todos os tratados de paz.

Tupy, or not tupy that is the question.

Contra toda as cathecheses. E contra a mãe dos Gracchos.

Só me interessa o que não é meu. Lei do homem. Lei do antropofago.

Estamos fatigados de todos os maridos catholicos suspeitosos postos em drama. Freud acabou com o enigma mulher e com outros sustos da psychologia impressa.

O que atropelava a verdade era a roupa, o impermeavel entre o mundo interior e o mundo exterior. A reacção contra o homem vestido. O cinema americano informará.

Filhos do sol, mãe dos viventes. Encontrados e amados ferozmente, com toda a hypocrisia da saudade, pelos immigrados, pelos traficados e pelos touristes. No paiz da cobra grande.

Foi porque nunca tivemos grammaticas, nem collecções de velhos vegetaes. E nunca soubemos o que era urbano, suburbano, fronteiriço e continental. Preguiçosos no mappa mundi do Brasil.

Uma consciencia participante, uma rythmica religiosa.

Contra todos os importadores de consciencia enlatada. A existencia palpavel da vida. E a mentalidade prelogica para o Sr. Levy Bruhl estudar.

Queremos a revolução Carahiba. Maior que a revolução Franceza. A unificação de todas as revoltas efficazes na direcção do homem. Sem nós a Europa não teria siquer a sua pobre declaração dos direitos do homem.

A edade de ouro annunciada pela America. A edade de ouro. E todas as girls.

Filiação. O contacto com o Brasil Carahiba. **Oú Villeganhon print terre.** Montaigne. O homem natural. Rousseau. Da Revolução Franceza ao Romantismo, á Revolução Bolchevista, á Revolução surrealista e ao barbaro technizado de Keyserling. Caminhamos.

Nunca fomos cathechisados. Vivemos atravez de um direito sonambulo. Fizemos Christo nascer na Bahia. Ou em Belem do Pará.

Mas nunca admittimos o nascimento da logica entre nós.

Contra o Padre Vieira. Autor do nosso primeiro emprestimo, para ganhar commissão. O rei analphabeto dissera-lhe: ponha isso no papel mas sem muita labia. Fez-se o emprestimo. Gravou-se o assucar brasileiro. Vieira deixou o dinheiro em Portugal e nos trouxe a labia.

O espirito recusa-se a conceber o espirito sem corpo. O antropomorfismo. Necessidade da vaccina antropofagica. Para o equilibrio contra as religiões de meridiano. E as inquisições exteriores.

Só podemos attender ao mundo orecular.

Tinhamos a justiça codificação da vingança. A sciencia codificação da Magia. Antropofagia. A transformação permanente do Tabú em totem.

Contra o mundo reversivel e as idéas objectivadas. Cadaverizadas. O stop do pensamento que é dynamico. O individuo victima do systema. Fonte das injustiças classicas. Das injustiças romanticas. E o esquecimento das conquistas interiores.

Roteiros. Roteiros. Roteiros. Roteiros. Roteiros. Roteiros. Roteiros.

O instincto Carahiba.

Morte e vida das hypotheses. Da equação **eu** parte do **Kosmos** ao axioma **Kosmos** parte do **eu**. Subsistencia. Conhecimento. Antropofagia.

Contra as elites vegetaes. Em communicação com o sólo.

Nunca fomos cathechisados. Fizemos foi Carnaval. O indio vestido de senador do Imperio. Fingindo de Pitt. Ou figurando nas operas de Alencar cheio de bons sentimentos portuguezes.

Já tinhamos o communismo. Já tinhamos a lingua surrealista. A edade de ouro.
Catiti Catiti
Imara Notiá
Notiá Imara
Ipejú

A magia e a vida. Tinhamos a relação e a distribuição dos bens physicos, dos bens moraes, dos bens dignarios. E sabiamos transpor o mysterio e a morte com o auxilio de algumas formas grammaticaes.

Perguntei a um homem o que era o Direito. Elle me respondeu que era a garantia do exercicio da possibilidade. Esse homem chamava-se Galli Mathias. Comi-o

Só não ha determinismo - onde ha misterio. Mas que temos nós com isso?

Continua na Pagina 7

图 1 《食人主义宣言》，1928

大混乱之中，拉美各国政府需要解决的首要问题是，如何在政治上缓和底层的印第安土著居民、以大农场主和家族为主的上层社会，以及欧洲涌入的大量新移民等不同阶层之间的矛盾，为工业化和现代化国家奠定基础；对于拉美知识阶层，历史上的思考和经验已经无法跟上迅速变化的现实，也无法像之前那样依赖欧洲的输入，而深陷战争之中的欧洲也无力为拉美提供一个普世的标准答案。拉美知识分子也需要寻找自己的道路，从思想上寻找到一个各方都能接受，并且有归属感的拉美精神，或者国家和民族认同性。事实上，这一问题是 19 世纪初期拉美社会中关于“世界主义”和“本土主义”之争的一种延续。这里的“世界”并不是国际的意思，而是指象征着“文明”的欧洲，拉美独立之后，“世界主义”曾在拉美盛行一时，但随着民族意识的觉醒，对欧洲的效仿被认为是文化殖民的继续，因此很多拉美文化学者开始转向拉美自身的历史中寻找启示。

《食人主义宣言》就是在这一背景下产生的现代主义运动宣言。早期欧洲殖民者称印第安土著为食人族，“加勒比”（Caribbean）一词就是由“食人族”（Cannibal）一词演化而来。20 世纪初，随着人类学和社会学理论和实践方法发展，人类学家在巴西的原始地区进行了大量的田野志工作。发现印第安土著食人不是一种满足温饱的生理需要，而是一种仪式，只有那些具有某种美德和能力的人才会在仪式上被分食，例如在战争中非常勇敢的敌人，通过吃人的仪式，这个人勇敢的特征将会被食用者所继承。安德拉德借鉴这个理论提出了《食人主义宣言》，其核心理念是巴西必须吞噬外部力量，彻底消化并转化为自身中新的事物，将“禁忌变为图腾”。安德拉德这样写道：“只有食人才能将我们团结在一起。社会的、经济的、哲学的……我只对那些不属于我的东西感兴趣。” 文化上的食人主义概念给予了巴西现代主义艺术家自由的选择，他们自己来决定要挑战哪些元素，要从当地传统中拯救哪些元素，为巴西现代文学、音乐、诗歌、艺术和建筑打开了通向未来的一道天梯，本土与国际，历史和现代之间的冲突不再是一个困扰的意识形态问题，而是通过努力可以成为有机的整体。

在法国著名人类学家克劳德·列维 - 施特劳斯的《忧郁的热带》（*Tristes Tropiques*，1955）一书中，对巴西印第安土著食人仪式有独到的分析，然而，安德拉德的《食人主义宣言》并非受到列维 - 施特劳斯的影响，因为列维 - 施特劳斯于 1935 年才第一次踏上巴西这个国度，而《食人主义宣言》早在 1928 年就已发表。苏珊 · 桑塔格对《忧郁的热带》一书的评价是“这个世纪最伟大的著作之一”。书中的文学描写让人联想到诺贝尔文学奖获得者奈保尔的“美洲三部曲”，文中寥寥数笔，就让周围的环境和人物服饰、动作和神情都跃然纸上，甚至可以感受到南美湿热或者印度次大陆干热的空气扑面而来，唤醒人的感官记忆。有意思的是，和诗人毕肖普一样，书中对于旅行也抱有深深的质疑，甚至认为这本书是“是一部为所有游记敲响丧钟的游记”。毕肖普从个体自身的角度质疑旅行的意义，对于人类学家列维 - 施特劳斯而言，游记是写给他人看的，而“他者”在人类学中意味着对研究对象的一种遮蔽，一种与自身现实的疏离。旅行无法升华和荡涤日常生活中的平庸，也无法成为自赎和拯救的方法，期待以穿越更多空间的方式来超越时间的无限，注定是徒劳的。我并不认为两个一生都被旅行影响的人真的痛恨旅行，这里只是借题而发地追问自身和世界的关系，建筑又何尝不需要如此追问自身？

《食人主义宣言》起源还有一个浪漫的版本。1928 年，安德拉德的妻子巴西著名女画家塔西拉·杜·阿玛拉尔在他生日那天送给他一幅油画作为礼物，这幅油画的名字就是《食人者》（*Abaporu*，印第安图皮瓜拉尼语，图 2），描绘了一个坐在一棵仙人掌前小头而四肢巨大的坐姿人，背景简化为只有大地和太阳，来表现巴西性和巴西的文化状态，试图解决抽象的国际主义与本地身份和文化之间冲突。此后不久，安德拉德发表了《食人主义宣言》。

塔西拉出身于圣保罗咖啡产业世家，早年在巴黎学习古典绘画，后结识巴西现代主义女艺术家安妮塔·马尔法蒂和未来的丈夫安德拉德，从而彻底转变为一个现代主义信奉者。后于 1922 年回到巴黎，师从法国现代绘画大师弗尔南多·莱热。1923 年年底塔西拉回到巴西开始遍访巴西的传统城镇，寻找巴西文

图 2 塔西拉，《食人者》，1928

化中的特点，并描绘巴西山川自然和人文内容，最终，她将巴西自然风情和民间艺术、欧洲的立体主义和超现实主义的影响融合为一种新的绘画风格。在她的绘画中，充满了丰满而具有张力的曲线，这些究竟是源于现代主义抽象形式，巴西的自然风光，还是源于巴西殖民时期巴洛克艺术，或者兼而有之，已经无法断定，但是这将对巴西现代主义建筑产生巨大的影响。

对于巴西现代建筑的“黄金时代”（20 世纪 30—40 年代），专业研究大多关注建筑学科内部的影响，强调欧洲现代主义理念的输入以及法国著名现代主义建筑大师柯布西耶对其影响。但这种说法的问题在于，为什么欧洲严谨的现代主义建筑风格被介绍到巴西之后，从一开始就呈现出“异端”的形式——充满了灵动的自由曲线和本地艺术装饰。

巴西现代建筑的奠基人科斯塔将此定位在巴西殖民时期巴洛克建筑传统中，但通过对比塔西拉和巴西最著名的现代主义建筑师尼迈耶的作品，可以发现两者之间具有某些微妙的联系 [2]。考虑到《食人主义宣言》和塔西拉在巴西文化艺术界的影响，尼迈耶不可能不知晓，因此这种联系存在着很大可能性。这些反映在尼迈耶的建筑设计中，他如何将欧洲现代主义建筑理念和巴西自然和本土传统相结合，创造出了一种不同于欧美正统现代主义建筑。此外，在尼迈耶后期的建筑创作中呈现出浓重的超现实主义风格，从委内瑞拉首都卡拉卡斯图书馆方案中可以清楚地看到这一倾向。1980 年，尼迈耶返回巴西后所设计的巴西利亚国立图书馆，其真实场景与意大利艺术家基里科的绘画之间几乎难以分辨。如果考虑到塔西拉曾受到基里科的影响，以超现实主义风格绘画表现巴西现实社会的荒诞性，就很难相信这些仅仅是一种巧合（图 3，图 4）。

然而，就在《食人主义宣言》发表后一年，1929 年全球经济危机到来，安德拉德和塔西拉经营咖啡产业的家族都宣告破产，压力之下这对眷侣分手。塔西拉与安德拉德离婚后，与一位左翼精神科医生同赴苏联接受共产主义洗礼，因无钱返回巴西，滞留巴黎，以打工为生，得以体验社会底层生活。返回巴西后，其绘画主题变为描绘工人阶级为主的革命题材。

而离婚后不久的安德拉德与塔西拉的朋友芭姑结婚，但这场婚姻也只维系了几年就终结了。两人的政治倾向都偏左翼，并加入了巴西共产党，后因认同托洛茨基，反对斯大林路线，又相继退党。芭姑出身富裕人家，是巴西历史上传奇女性之一，因为其左翼倾向并主张暴力革命实践，是巴西现代整个历史上第一个因为武装斗争的政治原因被捕的女性，一生中入狱多达 23 次。30 年代初变卖家产，游历世界考察共产主义运动，历经美国、日本、中国、苏联、波兰、德国、法国。于1934年来到中国，然而她在中国见到的人是末代皇帝溥仪。她经人介绍，

图 3 塔西拉，草图，1924

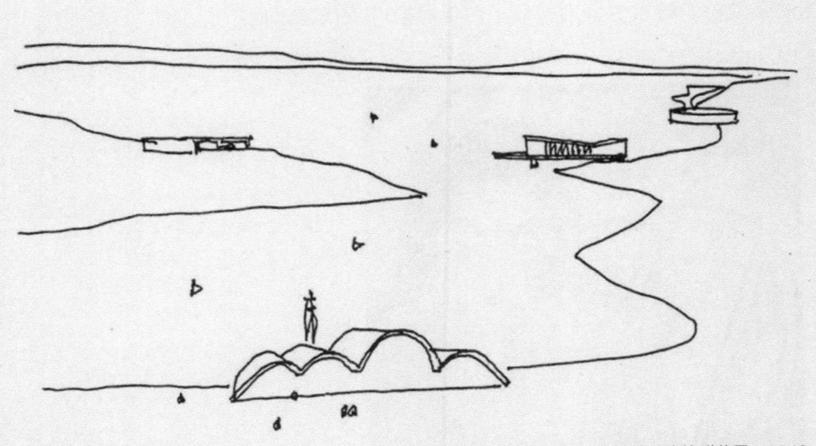

图 4 尼迈耶，潘普利亚建筑群草图，1940

在中国参加了1934年溥仪伪满洲国皇帝登基仪式，溥仪还曾请她一起骑着自行车绕着长春的伪满洲国皇宫聊天。据说是她将大豆从东北引进到巴西种植，现在巴西是全球第二大豆生产国和最大的大豆出口国，时至今日中国每年都从巴西进口大量的大豆。

食人主义在巴西的现代主义运动在文学、建筑、音乐和诗歌等领域取得的成就具有决定性的作用。20世纪初，大多数被殖民国家和发展中国家都面临西化和传统之间的矛盾，墨西哥有“宇宙种族”，在中国也有“中学为体，西学为用”。但这些学说仅能满足概念的自足，进入实践层面后基本无法操作，或者造成与预期相反的结果，而食人主义通过一种各种人群都可以轻易理解的形式化比喻（简单地吞噬和消化异物），不限定结果，为实践留有更大的可能性，从而完成融合，最终成就了巴西独特的现代文化。

前文提及了吸引塔西拉皈依现代主义的巴西女画家马尔法蒂，就需要介绍圣保罗的“现代艺术周”（Semana de Arte Moderna）。20世纪初的圣保罗，因为工业发展、城市人口和资本激增，新兴的城市中产阶级急需一种新的文化。1915年，28岁的马尔法蒂从纽约回来，第一次在她的祖国巴西办画展，其画作的主题和形式都是激进的，带有德国表现主义和法国野兽主义的影响（图5）。当地一名知名的文化评论家和记者洛巴托在报纸上称她的油画是“一种神秘的偏执狂”。许多年轻的知识分子和艺术家被这种反动言论激怒，纷纷站出来为马尔法蒂辩护。随后的争论导致了四年后的“现代艺术周”。

图5 安妮塔·马尔法蒂，《白痴》，1916

在巴西庆祝独立一百周年之际，1922年2月11日至18日，一些反传统的圣保罗画家、诗人、小说家、剧作家、摄影师和雕塑家、作曲家、建筑师联合起来，在市中心的圣保罗市立剧院以类似“摆摊”的形式举办了现代艺术周，也被视为今日著名的圣保罗双年展的前身。在现代艺术周中，首次通过报纸和广播广泛宣传了巴西前卫艺术。其包括一周的讲座、诗歌朗诵、音乐演出、建筑、雕塑和绘画展览。但建筑方面展出的是西班牙移民建筑师安东尼奥·加西亚·莫亚和波兰移民建筑师格奥尔格·普日伦贝尔的草图。二者都展示了新殖民主义或本土主义主题的设计草图，尽管与重新发现巴西身份的整体主题一致，但与国际潮流完全脱节。这两位建筑师和他们的作品很快被遗忘，以至于在这个活动中，建筑一直被认为是缺席的。

在巴西建筑史中，现代艺术周被定位成巴西现代主义的起点，也作为现代建筑的起点，这是一种简单的现代主义横空出世，进步力量战胜了保守力量的叙事，是一种简化的操作。现代艺术周是由艺术家和作家推动的，他们主要来自精英阶层，他们在欧洲生活、学习和工作一段时间后返回自己的国家，将20世纪初的欧洲众多的不同先锋派理念带回拉美，这些新思潮之间会有斗争和合作，同时还与现有的古典主义和折中主义相抗衡和妥协，其最终的结果也不能只用社会达尔文主义简单的“优胜劣汰”来解释。下面以一位圣保罗艺术家为例，展示巴西早期现代主义建筑发展的复杂性。

巴西艺术家弗拉维奥·德·卡瓦略曾接受过土木工程的专业训练，涉及很多艺术领域。他在1927年开始建筑设计，并为圣保罗州长设计了一个建筑方案，自诩这个方案是“巴西现代主义建筑的第一件作品”。在卡瓦略最重要的“裸人之城”提案中，他将巴西人类学家的一些先锋理念融入了城市构想，并在1930年里约热内卢举行了第四届泛美建筑师大会上介绍了这个方案。“裸人之城”是为“没有上帝，没有财产，未来的人类”所构想的一个生活环境，也是一个“思想的家园：人类生产的思想被引导并用于改善整个人类和取得进步”。在他看来，将历史上的城市理想用于机器生产时代，只会造成伤害。“裸人” 源于马克思主义术语，是指那些摆脱了束缚他／她的历史框架，寻求集体的和自发的组织，受自然欲望引导的人，而“食人族的人，摆脱了禁忌，就像一个裸体的人，所以裸人之城必定是食人族合适的居所”。整个城市通过数学来组织，不仅满足了人类的功能需求，而且满足人类的精神需求。由于卡瓦略认为人类的需求是“同心圆”结构，因此城市也将采取了相同形状，方便不同区域之间有效的组织。其中，最重要的区域是位于城市最边缘的环形研究中心；性区域是这个议案中第二个重要区域，是一个“巨大的实验室，在那里人们放纵着各种欲望……没有压制……

为了塑造居民的新自我，引导他们的力比多……”；整个城市的中心是行政中心和交通枢纽，从这里不同的交通线路向外辐射。“裸人之城”是基于《食人主义宣言》理念，吸收了柯布西耶理性主义和纯粹主义理念、赖特赞扬机器及其无限可能性的思想（*The Art and Craft of the Machine*，1901），以及参考了霍华德《明日的花园城市》（1902）的理念和图解（图 6）。

他的建筑设计作品中呈现出多样的形式和风格，包括前西班牙风格、未来主义，以及功能主义建筑等。以今日的眼光来看卡瓦略为数不多建成的建筑作品，其质量也并不亚于其他巴西早期现代建筑典范之作。但在巴西正统的现代主义建筑历史编纂中，他始终是一位边缘化的人物（图 7）。

在正统的巴西现代建筑历史谱系中，巴西现代主义建筑开端的标志性起点是 1925 年在圣保罗报纸上发表的两篇文章：里诺·李维的《建筑与城市美学》和格雷戈里·瓦尔查维奇克的《现代建筑》。李维是巴西意大利移民的儿子，1901 年生于圣保罗，从 1921 年起就住在罗马，1925 年在罗马大学上学的他给《圣保罗报》

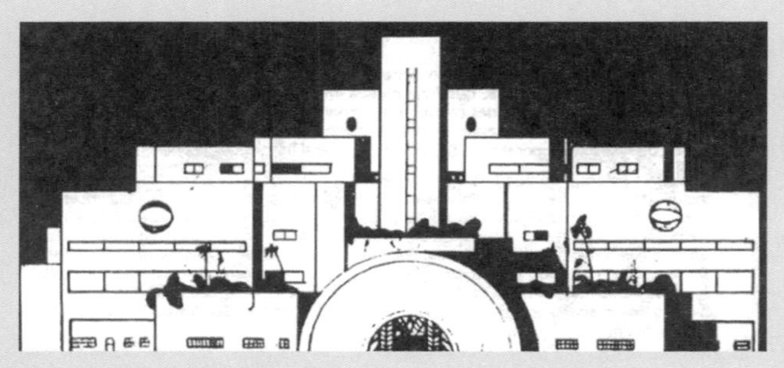

图 6 卡瓦略，圣保罗州宫方案，1927

图 7 卡瓦略，自宅，1938

写了《建筑与城市美学》一文。文中他的关注点是消除装饰的美学问题，而不是技术问题，并提出巴西的城市应该与欧洲城市有所差异，“（巴西的）植物群、光线和颜色可以给城市带来独特的活力和优雅”，这一点与“现代艺术周”所表达的理念出奇地一致。后来回到圣保罗后，李维通过设计一些重要的建筑，成为圣保罗最重要的现代主义建筑师，比如巴西建筑师协会总部（headquarters of the Brazilian Institute of Architects，IAB，1947）和奥利维奥·戈梅斯住宅（Olivio Gomes residence，1949—1951）。瓦尔查维奇克出生在俄罗斯敖德萨，并在此接受专业培训，后来赴罗马学习。在 1923 年搬到巴西之前，他为马塞洛·皮亚琴蒂尼（Marcello Piacentini）工作了两年。他文中的观点接近柯布西耶的机器美学，认为外观的美应该来自它的功能，就像机器的形式是由它的机制决定的一样。建筑师不应该考虑风格，而应该“成为时代精神的奴隶”。他是巴西重要的早期现代主义建筑师，圣克鲁斯路住宅（Rua Santa Cruz，1927，图 8）和伊塔波利斯路住宅（Rua Itápolis，1929，图 9）是巴西早期重要的两个现代主义住宅，其中的一个住宅成为圣保罗先锋艺术家们聚会的场所。圣克鲁斯路住宅是为他和妻子米娜·克拉宾一起设计的，建筑是一个对称的、白色的、朴素的立方体，让人想起阿道夫·路斯的作品。两年后，瓦尔查维奇克完成了伊塔波利斯路住宅，并在 1930 年 3—4 月举办了一场面向公众的展览。1930 年，他成为科斯塔的合伙人，赴里约热内卢任教于国家美术学院，此外，他还应柯布西耶之邀，作为第一个拉丁美洲代表参加国际现代建筑协会大会（CIAM）。

图 8 瓦尔查维奇克，圣克鲁斯路住宅，1927

图 9 瓦尔查维奇克，伊塔波利斯路住宅，1929

图 10 奥格尔曼，画家里维拉夫妇住宅兼工作室，墨西哥城，1931—1932

值得一提的是，两个住宅的花园都是由他的妻子克拉宾设计，这也被视为巴西热带景观运动的开始。在花园设计中，克拉宾采用仙人掌作为景观植栽，这样的做法比墨西哥建筑师胡安·奥格尔曼为里维拉夫妇设计的住宅（图 10）还要早几年，也早于巴西著名的景观设计师罗伯托·布雷·马克思在累西腓的实践。在拉美现代主义运动中，仙人掌成为拉美的一种文化和民族认同象征，大量出现在绘画和景观设计中，例如塔西拉的《食人者》画中巨大的仙人掌。

图 11 塞尔吉奥，萝塔和毕肖普住宅，1951

在巴西的女景观设计师中，除了克拉宾，还有一位更加富有传奇色彩的女景观设计师。在正文中介绍里约热内卢的弗拉门古公园时，提到了玛利亚·卡萝塔·科斯塔拉·德·玛切朵·苏亚雷斯（也称萝塔，Lota），她与罗伯托·布雷·马克思与阿方索·爱德华多·里迪合作完成里约热内卢最重要的一片滨水公园设计。萝塔出身于里约热内卢政要家庭，虽然她既没有建筑学位也没有景观学位，但被当时的州长邀请负责弗拉门古公园项目设计。

1951 年，诗人伊丽莎白 · 毕肖普乘船沿着大西洋的西侧，一路向南，旅程本身漫无目的，到达巴西港口城市桑托斯港时，原本只计划停留两周的诗人在这里碰到了她一生中相处最长的恋人萝塔，两人一起在巴西生活了 15 年。期间，萝塔邀请巴西建筑师塞尔吉奥 · 贝纳德斯为两人设计了一栋住宅（House for Lota Macedo Soares and Elizabeth Bishop，1951，图 11）。1967 年，萝塔随毕肖普回到纽约，于到达当天服用大量镇静药自杀，数日后死亡。巴西女作家卡门 · 露西亚 · 德 · 奥利薇拉基于两人之间的恋情完成了传记《罕见而寻常之花》(*Flores Raras e Banalíssimas*,1995),基于这本传记,巴西导演布鲁诺 · 巴列托拍摄了电影《握住月光》(*Flores Raras*, 2013)。

最后，还是回到诗人毕肖普，以她在《地图》中的一句来结尾这篇杂记，“比历史学家更精微的，是地图绘制者的色彩”。这里地图绘制者并非专业地图绘制人员填充的色彩，而是每个个体的轨迹，叠合在一起构成了小写的历史。

注释

1 [美] 伊丽莎白·毕肖普 著，包慧怡 译，《唯有孤独恒常如新》，湖南文艺出版社，2015。

2 关于科斯塔将巴西现代建筑根源定位在巴西殖民时期巴洛克建筑传统之上，可参见《建筑学报》2019 年第 5 期《巴西现代建筑中的两次历史建构》一文。

人名翻译对照表

A 阿道夫·路斯（Adolf Loos）
阿德里安·福蒂（Adrian Forty ）
阿德马尔·马里尼奥（Adhemar Marinho）
阿尔伯特·吉尔伯特（Albert Guilbert）
阿尔瓦罗·比达尔·布拉齐尔 (Alvaro Vital Brasil)
阿尔瓦罗·哈迪（Alvaro Hardy）
阿尔瓦罗·蓬托尼（Alvaro Puntoni）
阿方索·爱德华多·里迪（Affonso Eduardo Reidy）
阿卡西奥·吉尔·博尔索伊（Acácio Gil Borsoi）
阿洛伊西奥·坎波斯·达·巴斯（Aloysio Campos da Paz）
埃奥洛·玛亚（Éolo Maia）
埃德加·丰塞卡（Edgar Fonseca）
埃利奥·乌乔（Hélio Uchôa）
埃尔西奥·戈麦斯（Elcio Gomes）
爱德华多·门德斯·吉马良斯 (Eduardo Mendes Guimarães)
安德拉德·莫雷廷（Andrade Morettin）
安东尼奥·加西亚·莫亚（Antonio Garcia Moya）
安东尼奥·普拉多（Antônio Prado）
安杰洛·布奇（Angelo Bucci）
安娜·保拉·阿西西（Ana Paula Assis）
安妮塔·马尔法蒂（Anita Malfatti）
奥拉沃·里迪·坎波斯（Olavo Redig Campos）
奥利维拉·儒尼奥尔（Oliveira Júnior）
奥斯卡·尼迈耶 （Oscar Niemeyer）
奥斯瓦尔德·德·安德拉德（Osvaldo de Andrade）
奥斯瓦尔多·布拉特克（Oswaldo Bratke）
奥塔维奥·奥古斯托·特谢拉·门德斯（Otávio Augusto Teixeira Mendes）

B 保罗·兰多斯基（Paul Landowski）
保罗·门德斯·达·洛查（Paulo Mendes da Rocha）
保罗·廷布雷斯（Paulo Zimbres）
比塞利·凯斯博里安（Biselli Kathborian）
布鲁诺·乔治（Bruno Giorgi）
布鲁诺·赛维（Bruno Zevi）
布鲁诺·巴列托（Bruno Barreto）

D 达尼洛·马托佐（Danilo Matoso）
达西·里贝罗（Darcy Ribeiro）
德尔芬·阿莫林（Delfim Amorim）
德西·奥托齐（Decio Tozzi）
多米齐亚诺·罗西（Domiziano Rossi）

F 法比奥·彭特亚（Fabio Penteado）
法比亚诺·索布雷拉（Fabiano Sobreira ）
费尔南多·梅洛·弗朗哥（Fernando Melo Franco）
费尔南多·夏赛尔（Fernando Chacel）
弗尔南多·莱热（Joseph Fernand Henri Léger）
弗拉维奥·阿戈斯蒂尼（Flávio Agostini）
弗拉维奥·德·卡瓦略（Flávio de Carvalho）
弗兰姆普顿（Kenneth Frampton）
弗朗茨·黑普（Franz Heep）
弗朗西斯·佩雷拉·帕索斯（Francisco Pereira Passos）
弗朗西斯科·普雷斯特斯·玛雅（Francisco Prestes Maia）

G 格奥尔格·普日伦贝尔（Georg Przyrembel）
格雷戈里·瓦尔查维奇克 (Gregori Warchavchik)
古斯塔沃·卡帕内玛（Gustavo Capanema）

H 海托·达·席尔瓦·科斯卡（Heitor da Silva Costa）
豪尔赫·莫雷拉（Jorge Moreira）
何塞·德·安切塔（José de Anchieta）
何塞·加尔宾斯基（José Galbinski）
赫克托·佩平 (Hector Pepin)
赫克托·维格利卡（Hector Vigliecca）
赫利奥·里巴斯·马里尼奥（Helio Ribas Marinho）
亨利·罗素·希区柯克（Henry Russell Hitchcock）
胡安·奥格尔曼（Juan O' Gorman）

J 基里科（Giorgio de Chirico）
吉奥·庞蒂（Gio Ponti）

图片来源

页码 **图名** 来源

P25 **救世基督像** By Jcsalmon, CC BY-SA 3.0 <https://creativecommons.org/licenses/by-sa/3.0>, via Wikimedia Commons
从耶稣山俯瞰里约热内卢港 By Mariordo (Mario Roberto Durán Ortiz) - Own work, CC BY 3.0, https://commons.wikimedia.org/w/index.php?curid=3723015
糖面包山 By Helder Ribeiro from Campinas, Brazil, CC BY-SA 2.0 <https://creativecommons.org/licenses/by-sa/2.0>, via Wikimedia Commons
P26 **里约热内卢城市规划图 1713 年绘制** Overseas Historical Archives, Lisbon
P29 **里约热内卢大剧院** http://mapadecultura.rj.gov.br/wp-content/uploads/2012/05/fachadatm2-23trat.jpg
国家图书馆 By Carlos Alkmin, [CC BY-SA (https://creativecommons.org/licenses/by-sa/4.0)]
里约热内卢市政厅 By Halley Pacheco de Oliveira, [https://pt.wikipedia.org/wiki/Ficheiro:Pal%C3%A1cio_Pedro_Ernesto_na_Cinel%C3%A2ndia.jpg]
P33 **皇家葡文图书馆** By Jose Mario Pires / CC BY-SA 4.0 https://commons.wikimedia.org/wiki/File:Real_Gabinete_Portugu%C3%AAs_de_Leitura_11-18.jpg
P35 **桑托斯·杜芒特航站楼** By Mariordo (Mario Roberto Duran Ortiz) / CC BY-SA (https://creativecommons.org/licenses/by-sa/3.0)
P38 **巴西教育与公共卫生部大楼立面细节** By Mr Alan Weintraub/Getty Images. © FLC/ADAGP, Paris and DACS, London 2016
P40 **巴西教育与公共卫生部大楼平面** 林云菲 绘制
P46/47 **里迪的设计草图;建造中的现代艺术博物馆** MOMA 档案
现代艺术博物馆鸟瞰 By Nelson Kon
P48/49 **佩德雷古柳社会住宅中间架空层,入口连接桥** MOMA 档案
佩德雷古柳社会住宅轴测图;柯布西耶,里约热内卢规划草图,1929 年 来源不详
P50/53 **纽约世界博览会巴西馆;热带山林中的尼迈耶自宅** MOMA 档案
P55 **尼迈耶自宅平面** 张文曦 绘制
P56 **从曲线屋顶下看建筑和庭院,从泳池看尼迈耶自宅,曲线建筑屋顶与巨石与雕塑** 胡榕 摄
P58 **桑巴大道拱门** Rio de Janeiro Department of Conservation
P61/62/64/65 **尼泰罗伊海边的当代艺术博物馆;空中看弗拉门古公园:从左上角的机场沿海滩到右边糖面包山下;科帕卡巴纳海滩;科帕卡巴纳海滩夜景** 范伟巍 摄
P65 **科帕卡巴纳海滩漫步道** By Mteixeira62 - Own work, CC BY-SA 3.0, (https://commons.wikimedia.org/w/index.php?curid=21162873)
P66/67 **艺术城鸟瞰** 范伟巍 摄
艺术城平面 林云菲 绘制
P68 **艺术城基地与周边道路关系** 范伟巍 摄
P71 **艺术城平台层建筑细节 1、2、3** 有方团友 摄
P95 **国父广场雨棚** By Dornicke/CC BY-SA (https://creativecommons.org/licenses/by-sa/4.0)
P97 **圣保罗大剧院** By Wilfredor, CC0, via Wikimedia Commons
P100/101 **从内部庭院向街道看,艺术广场东侧高层** 有方团友 摄
P102/103/104/105 **5 月 24 日街 SESC 中心,5 月 24 日街 SESC 中心低层,5 月 24 日街 SESC 中心周边环境,屋顶的天空泳池** By Nelson Kon
5 月 24 日街 SESC 中心剖面 张文曦 绘制
P106 **共和公园南侧建筑组群,可以看到埃丝特大楼、意大利大厦、科潘大厦** 来源不详
P108 **意大利大厦** By Wilfredor, CC0, via Wikimedia Commons
P109 **科潘大厦** 来源不详
P112 **伊比拉普埃拉公园** Google Map
P117 **双年展馆平面** 张文曦 绘制
P120 **展览宫平面** 林云菲 绘制
P121 **罗伯托·布雷·马克思的景观设计图纸** MOMA 档案
P125 **FAU-USP 底层平面,FAU-USP 剖面** 张文曦 绘制
P130 **自宅建成后丽娜在楼梯之上** 雷纳托·阿内利(Renato Anelli)教授提供
P131 **丽娜自宅平面和剖面** 林云菲 绘制

P136 **圣保罗艺术博物馆所在城市环境** 雷纳托·阿内利(Renato Anelli)教授提供
P138 **关于广场的草图,屋顶的涂鸦有自由民主字符** 雷纳托·阿内利(Renato Anelli)教授提供
P141 **SESC 庞培亚中心平面,SESC 庞培亚中心剖面** 林云菲 绘制
P147 **自宅二层入口** By Nelson Kon
P148/149 **自宅二层平面** 林云菲 绘制
自宅室内 By Nelson Kon
P151 **巴西雕塑博物馆平面,巴西雕塑博物馆剖面** 张文曦 绘制
P153 **梁下的广场** 雷纳托·阿内利(Renato Anelli)教授提供
P157 **圣保罗州立美术馆一层平面** 林云菲 绘制
圣保罗州立美术馆剖面 张文曦 绘制
P160/162 **新圣阿玛罗 V 公园社会住宅,紧邻贫民窟的社会住宅,社会住宅内部庭院** By Leonardo Finotti
P165 **周末住宅长剖面** 张文曦 绘制
周末住宅长剖面 林云菲 绘制
周末住宅短剖面 张文曦 绘制
P166 **周末住宅,顶层** By Nelson KON
P168 **莫雷拉·萨勒斯学院博物馆** 雷纳托·阿内利(Renato Anelli)教授提供
P169/170 **博物馆模型,剖面** 安德拉德·莫雷廷建筑事务所提供
P180 **建城前的巴西利亚** 来源不详
P182/183 **科斯塔的草图,巴西利亚总图** 巴西利亚建城博物馆资料翻拍
P189 **巴西利亚总统官邸鸟瞰** MOMA 档案
P190 **巴西利亚总统官邸柱子细节** 来源不详
巴西利亚总统官邸一侧的小教堂和柱子 MOMA 档案
P191 **三权广场** 范伟巍 摄
P194 **国民议会平面** 张文曦 绘制
P204 **建设中的巴西利亚大教堂** Image Cortesia de Instituto Tomie Ohtake
P214 **刚建成的科技中心学院** 来源不详
P217 **科技中心学院预制混凝土结构** 有方团友 摄
222 **巴西利亚居住轴北翼** 范伟巍 摄
4 **超级街区组团平面,平面** 林云菲 绘制
P225 **刚建成的超级街区** 来源不详
P226 **超级街区鸟瞰,超级街区间的服务设施** 范伟巍 摄
P232 **Sebrae 新总部地面层平面,Sebrae 新总部剖面** 林云菲 绘制
P233 **Sebrae 新总部,Sebrae 新总部夜景,Sebrae 新总部北侧,Sebrae 新总部中庭** By Nelson Kon

延展阅读部分

图 1 **《食人主义宣言》**,1928
来源不详
图 2 **塔西拉,《食人者》**,1928
WikiArt
图 3 **塔西拉,草图,1924**
MOMA 资料
图 4 **尼迈耶,潘普利亚建筑群草图**,1940
来源不详
图 5 **安妮塔·马尔法蒂,《白痴》**,1916
WikiArt
图 6 **卡瓦略,圣保罗州宫方案**,1927
来源不详
图 7 **卡瓦略,自宅**,1938
摄影:Nelson Kon
图 8 **瓦尔查维奇克,圣克鲁斯路住宅**,1927
来源不详
图 9 **瓦尔查维奇克,伊塔波利斯路住宅**,1929
Wikimedia
图 10 **奥格尔曼,画家里维拉夫妇住宅兼工作室,墨西哥城**,1931—1932
Luise Carranza 教授授权使用
图 11 **塞尔吉奥,萝塔和毕肖普住宅**,1951
摄影:Leonardo Finotti

注:
1. 没有标注的照片由作者拍摄
2. 一些历史图片、图纸和草图,无法追溯版权,标注为来源不详

图书在版编目（CIP）数据

成为巴西：巴西三城现代建筑 / 裴钊著 . -- 上海：同济大学出版社，2021.4

（海外游 · 建筑学人笔记）

ISBN 978-7-5608-9851-3

Ⅰ . ①成… Ⅱ . ①裴… Ⅲ . ①建筑艺术—巴西—现代 Ⅳ . ① TU-867.77

中国版本图书馆 CIP 数据核字 (2021) 第 051037 号

成为巴西：巴西三城现代建筑

裴钊 著

出 品 人　华春荣
责任编辑　徐　希　责任校对　徐春莲　封面设计　完　颖　版式设计　钱如潺

出版发行　同济大学出版社
（地址：上海市四平路 1239 号　邮编：200092　电话：021-65985622）
经　　销　全国各地新华书店
印　　刷　上海安枫印务有限公司
开　　本　889mm×1194mm　1/32
印　　张　8
字　　数　215 000
版　　次　2021 年 4 月第 1 版　2021 年 4 月第 1 次印刷
书　　号　ISBN 978-7-5608-9851-3
定　　价　88.00 元